Le monde à l'envers

Un autre regard sur le monde et sur nous-mêmes

Sciences et Société
fondée par Alain Fuchs et Dominique Desjeux
et dirigée par Bruno Péquignot

Dernières parutions

Nicolas TANTI-HARDOUIN, *La reproduction sociale de la santé. Inégalités de santé : responsabilité individuelle ou destinée sociale ?*, 2019.
Jean-Luc MATHIEU, *Prévention : quels enjeux de Santé publique ! Analyse de politiques publiques*, 2018.
Jacques JAFFELIN, *Théorie de l'information générale ou la « quatrième vexation »*, 2018.
Claudine PÉREZ-DIAZ, *Sciences et action publique : un mariage fécond. L'exemple de l'alcool au volant*, 2017.
Philippe SALIGNAC, Les espaces du travail, *Prévention et santé au travail,* 2017
Gérard ALLAN, *Points de vue thermodynamiques sur notre quotidien, Société et thermodynamique*, 2016.
Xavier MOREAU, *Vieillissement et vulnérabilité, Comment rendre moins difficile le retour de la vulnérabilité*, 2016.
Jacques JAFFELIN, *Où va la civilisation ? Ethique pour un monde humain réconcilié avec ce dont il est issu*, 2015.
Anne CHATEAU et Odile PIQUEREZ, *Le syndrome d'Angelman. Parcours de vie des adultes*, 2015.
Anne CHATEAU, *Le syndrome d'Angelman. Regard sur une maladie neurogénétique rare*, 2013.
Laurence BRIOIS VILMONT, *L'imagerie médicale. La fabrique d'un nouveau malade imaginaire*, 2013.
Olivier NKULU KABAMBA, *L'assistance médicalisée pour mourir. Les soignants face à l'humanisation de la mort*, 2013.
Jean-Pierre BENEZECH, *Une éthique pour le malade. Pour dépasser les concepts d'autonomie et de vulnérabilité*, 2013.
Suzy COLLIN-ZAHN et Christiane VILAIN, *Quelle est notre place dans l'univers ? Dialogues sur la cosmologie moderne*, 2012.
Blanchard MAKANGA, *Nature, technosciences et rationalité. Le triptyque du bon sens*, 2012.
Béatrice GRANDORDY, *Charles Darwin et « l'évolution » dans les arts plastiques de 1859-1914,* 2012.

Patrick TRAUBE

Le monde à l'envers

Un autre regard sur le monde et sur nous-mêmes

L'Harmattan

5-7, rue de l'École-Polytechnique, 75005 Paris

http://www.editions-harmattan.fr

ISBN : 978-2-343-19083-9

EAN : 9782343190839

Mes remerciements vont à Louis DARMS,
Jean GOFFIN et Jacques VANAISE qui m'ont aidé à
regarder le monde ... à l'envers.

« Le monde ne cesse de s'enrichir de nouvelles données À la fois techniques, socio-économiques et culturelles. Or, ces données induisent, dans notre conscience et par un phénomène de réciprocité ou de miroir, une nouvelle intelligence des choses....

La conjonction, aujourd'hui, possible, des théories relevant de la physique moderne et des conceptions déduites de la psychologie dynamique suggère une sorte d'identité ou de parallélisme entre l'univers physique et l'univers psychique. En effet, certains indices donnent à penser que les phénomènes psychiques sont en relation énergétique avec le fondement vibratoire de la matière. D'autant plus que l'énergie psychique, pour peu qu'on puisse la caractériser, est parmi les énergies vitales, celle qui s'apparente le plus à l'énergie quantique et ondulatoire. D'où la tentation de concevoir un univers psychique non totalement étranger à celui de la matière et, inversement, un monde matériel possédant une sorte de psyché latente.» (Jacques VANAISE)

ALLEGORIE :
TRISTAN, YSEULT ET LE PHILOSOPHE
AUX LUNETTES CARREES

Quand Tristan était petit garçon, cent fois on lui dit : « Plus tard, lorsque tu seras marié et que femme sera tienne... » ou encore : « Plus tard, lorsque tu seras grand et que tu auras des enfants... » Tristan conclut qu'il épouserait Yseult et lui ferait une progéniture nombreuse. On tint semblable langage à Yseult, qui conclut de semblable façon. Les enfants sentent avec acuité ce que les Grandes Personnes veulent dire. Très attentifs aux formes grammaticales ; ils comprennent vite la différence entre le conditionnel « si » et l'inconditionnel « lorsque », entre l'article indéfini « un » et le possessif « mon ». Ils aiment aussi faire joujou avec l'auxiliaire « avoir ».

Un soir d'été, Yseult surprit une conversation entre ses parents. Il était question de leurs voisins de palier. La mère disait en épluchant les patates : « Tu sais, nos voisins, Sandrine Hyon et Prince Sarment ? » - « Ben quoi ? » fit le père en tirant sur l'embout de sa pipe. - « On raconte qu'ils vont divorcer. (bref silence)... C'est triste l'échec d'un couple ! ». Philosophe, le père répliqua : « Bah ! Ils sont jeunes ; ils referont leur vie ».

La petite Yseult fut remplie d'admiration pour la logique des Grandes Personnes et s'initia ainsi aux vertus de l'algèbre. Dans un coin vierge de son cortex frontal (au nord-est de la scissure de Sylvius), elle inscrivit sa première équation :

$$si\ A = Tj \rightarrow \sout{ATj} = E = VDF^{1}$$

Yseult fut rassurée en pensant qu'un lit défait le matin peut être refait le soir. Puisque VDF = VAR[2]*, rien ne se perd. Ce soir-là, on donna « Éternel Retour » à la télé.*

Tristan et Yseult grandissaient en grâce et en sagesse. Ils devinrent deux beaux adolescents aux boucles blondes. Derrière leurs lunettes à montures carrées, leurs yeux regardaient vivre les Grandes Personnes. Mais ils commençaient aussi à s'initier par eux-mêmes aux choses de la vie. Un jour qu'Yseult étudiait son cours de Physique (il y était question des trois états de la matière), elle surprit une conversation entre ses parents et sut qu'ils parlaient d'elle.

La mère disait : « Elle m'inquiète la petite ; elle s'intéresse beaucoup trop aux garçons et butine comme un papillon » - « C'est de son âge, fit le père, aussitôt qu'elle aimera vraiment, elle se fixera assurément ». Ainsi, pensa-t-elle, l'amour fixe. Sans doute est-il à la Relation ce que l'état solide est à la Matière. Elle inscrivit une nouvelle équation :

ta

$$A = E\,S < R^{3}$$

ol

---

[1] *Pour ceux qui n'entendent rien à l'algèbre : si Amour = Toujours (règle générale), Coeur transpercé = Échec (accident) = Vie DéFaite.*

[2] *Vie À Refaire*

[3] *Amour (A) = état stable-solide (E) de la relation (R)*

Comme son maître, le professeur Hosoffe, lui avait déjà expliqué la différence entre l'« essence » et l'« accident », elle sut que la stabilité était une propriété essentielle de la molécule d'amour mais que, soumise au contact pressant d'électrons séducteurs, celle-ci éclatait comme une grenade fumigène dans un ciel de manif.

Yseult et son maître Hosoffe devinrent amis. (Affublé du doux prénom de Philémon, il aimait qu'en hommage à ses exploits de la dernière guerre - celle de 68-68 - on l'appela « Phil »). C'était un garçon très sympathique, très savant. Et puis, lui aussi portait des lunettes carrées. Yseult le présenta à Tristan. À partir de ce jour, ils furent inséparables. Ils passaient des heures entières à deviser des événements du monde et du comportement des hommes.

Yseult aimait beaucoup Tristan. Mais un jour, très troublée, elle s'aperçut qu'elle aimait aussi Phil. Comme ils s'étaient jurés de tout se dire, elle s'en ouvrit à ses compagnons. Phil fit éclater un rire sonore : « peut-on aimer d'amour deux êtres à la fois ? Une telle prétention n'est que sottise. Ce que l'on donne à l'un, il faut bien le prendre à l'autre. » Phil expliqua alors ce qu'il nommait la Règle d'Or : les choses de la vie sont bâties sur la loi des contraires qui se repoussent comme blanc et noir, jour et nuit, vérité et erreur... Sur cette lancée, il initia ses deux compagnons aux arcanes de la Mécam (mécanique amoureuse). Il insista sur la nécessité de se bien inspecter soi-même avant de se coupler, de jauger avec objectivité les qualités de ses propres rouages et dispositifs de propulsion tant il est vrai qu'écrous et boulons doivent s'ajuster correctement si l'on veut que le couple baigne dans l'huile. Il les prévint aussi (pour leur éviter toute surprise désagréable) que les filetages tendent à s'user avec le temps mais qu'avec un peu de bonne volonté on finit toujours par s'en tirer. Il leur chuchota à l'oreille qu'en dernière extrémité, on pouvait rejouer le coup du Voyage à Venise et se jurer, les yeux dans les yeux, de remettre les compteurs à zéro.

En cet an-là, un Édit Impérial décréta la prolongation de la scolarisation obligatoire pour tous les enfants et adolescents. Outre l'étude de la mécanique et de l'algèbre, le C.C.O.S.[4] imposa un cours approfondi de Philosophie et de Science de la Matière. C'est ainsi que, pour la première fois, nos jeunes héros entendirent prononcer les noms prestigieux d'Aristote, Descartes et Newton. Quelle chose admirable que cet univers si parfaitement agencé, conçu par le Grand Horloger Centralisateur. Yseult en était béate d'admiration. Est-il possible que tout ce que l'on voit, tout ce que l'on touche, soit constitué de petits grains tournoyant comme des toupilles enfiévrées dans le Grand Vide ? Est-il possible que, au sein de ce tournoiement sublime, tout phénomène puisse s'expliquer par une même cause et que toutes ces lois merveilleuses aient été découvertes par l'homme, grâce à une dotation généreuse de son cerveau : l'Objectivité

Scientifique ? Objectivité Scientifique ! Ce mot résonnait comme une musique céleste et Yseult se le répétait souvent pour elle-même, le soir, avant de s'endormir. De son côté, Tristan fut surpris d'apprendre que le temps était réversible comme le mouvement d'un pendule. (Il pensa : « Tiens ! On peut toujours revenir à la case départ ».) Savoir que l'évolution des choses pouvait être prévue à l'avance, le rassura. Mettre en équations mathématiques les principes fondateurs de l'Ordre Universel, quel délice ! Chaque chose a sa place et les événements se répètent à l'infini. Il se prit à rêver d'un ordre entre les gens qui soit aussi harmonieux que celui qui gouverne le mouvement des astres et des planètes dans le firmament.

Le « Grand Décret » fut alors promulgué par le C.S.S.A.[5]. Les maîtres étaient tenus de s'y soumettre, mais cette prescription ne changea pas grand-chose car beaucoup en

---

[4] *Comité de Contrôle de l'Objectivité Scientifique*

[5] *Conseil Supérieur de la Science Avancée.*

ignoraient l'existence. Tristan et Yseult n'en eurent connaissance que bien des années plus tard...

Cette année-là, Prince Sarment et sa seconde épouse Belle Dubois-Dormeur gagatisaient joyeusement près du landau de leur petit-fils, tandis qu'à l'autre bout de la ville, Sandrine Hyon se suicidait après avoir appris, au cours de sa psychanalyse, que la vieille histoire du Carosse d'Or et des potirons changés en cochers, était un coup monté par monsieur Bonrois, son père, pour passer une soirée peinard à la maison avec sa dulcinée, Fay Lamarraine.

Cette année-là donc, Tristan et Yseult rencontrèrent un beau vieillard à barbe blanche et au regard lumineux qui leur tint cet étrange langage : « Tout ce qu'on vous a appris jusqu'ici n'est que foutaise. Vous parcourez le vaste monde avec des lunettes fumées sur le nez. Sans doute ont-elles protégé vos yeux de l'éclat du soleil. Mais, à présent, êtes-vous certains de ne pas pouvoir vous en passer ? » Il s'assit sur un des bancs en écartant une valise abandonnée. « Dans quelle direction allez-vous ? » questionna-t-il ingénument. « Par là » fit Tristan d'un geste de la main. « Par là » fit Yseult en pointant l'index vers l'extrémité du quai noyé de brume. « C'est la bonne direction, dit le vieillard, mais la route est encore longue. Je vais vous poser une question. Savez-vous pourquoi tout ce que vous voyez vous semble carré ? » « Parce que ce que nous voyons est carré » répondirent en chœur les jeunes gens ». « Erreur ! » fit le vieillard. « Illusion ! Vous ne voyez que les choses carrées parce que vos lunettes sont carrées. » Il s'émut de la consternation des jeunes gens : « Vous n'y êtes pour rien. On vous a vendu les seules lunettes disponibles sur le marché. Mais aujourd'hui, le Grand Décret réglemente la fabrication des lunettes. Il oblige tous les marchands de lunettes à diversifier leurs produits et à proposer à leur clientèle des lunettes rondes ou ovales, carrées ou rectangulaires, triangulaires ou hexagonales, octogonales ou dodécagonales.

Ils doivent même se fournir en lunettes déformables et en lunettes-tourniquets, celles qui font voir les choses à l'envers ». « Voir les choses à l'envers ! » s'écrièrent les jeunes gens « qu'est-ce cette plaisanterie ? Vous vous moquez de nous. » Le vieillard leur sourit gentiment. « Les choses les plus sérieuses ont souvent l'allure d'avenants plaisantins. Ne vous a-t-on jamais dit que l'immobilité de ce banc n'était qu'apparence trompeuse ? Que tout est mouvement et turbulence ? Que l'important, ce ne sont pas les choses mais ce qui se passe entre les choses ? Voyez cette gare. Elle ponctue le trajet du train. L'essentiel, toutefois, n'est-ce pas ce qui se passe entre elle et la suivante ? » À cet instant le sol vibra et le haut-parleur tonitrua : « Train en passage ! Veuillez vous écarter des bords du quai. » Tristan mit à terre le sac qu'il portait sur le dos. Yseult déposa sa valise sur le sol et s'assit près du vieil homme. D'une extrémité à l'autre du quai, des centaines de valises s'ennuyaient à mourir. « Les choses, dit le vieillard, puisent dans ce qui les entoure l'énergie et l'information nécessaires à leur transformation, si bien que leur évolution est imprévisible. Ce qui se passe ici, peut engendrer des effets là-bas, ou partout. C'est de l'improbabilité des trajectoires et des erreurs d'aiguillage que peut jaillir le nouveau et parfois le mieux. Les lois de l'univers ne se découvrent pas comme Christophe Tourterel, jadis, découvrit l'Amérique. Il est le reflet du cerveau qui le construit par ses représentations. » Et il ajouta, après un silence : « Pourquoi n'en serait-il pas ainsi des relations entre les gens qui peuplent notre planète ? » Tristan et Yseult n'en croyaient pas leurs oreilles. Le sol tremblait sous leurs pieds et les objets autour d'eux vacillaient. Yseult se gratta le sommet de l'arcade nasale. « C'est vrai qu'il est gênant ce corps métallique angulaire qui pèse sur le nez, pensa-t-elle, mais l'ôter, n'est-ce pas s'amputer d'une partie de soi ? Et puis, le soleil est si brûlant, si puissant ». Le vieillard devina sa pensée et, encore une fois, sourit avec bienveillance : « Je comprends que vous teniez à vos lunettes. Pourtant, il vous faudra bien les enlever si vous voulez connaître le Vaste Monde. Lorsque le jour sera venu, revenez ici. J'y serai. »

Des jours et des mois passèrent. Sur la voie unique de la gare d'Extrême-Jonction, les locomotives haut le pied se succédaient à cadence irrégulière tandis que le haut-parleur continuait à crachoter : « Train en passage ! Éloignez-vous des bords du quai ».

Lasses d'attendre, les valises abandonnées se résignaient à engager la conversation les unes avec les autres...

INTRODUCTION
LE PARADIGME : L'INFRASTRUCTURE IMMERGEE DU REGARD

« Le principe d'identité domine aujourd'hui la pensée scientifique ; mais il y a de vastes systèmes de représentations qui ont joué dans l'histoire des idées un rôle considérable et où il est fréquemment méconnu : ce sont les ***mythologies,*** *depuis les plus grossières jusqu'aux plus savantes. Il y est sans cesse question d'êtres qui ont simultanément les attributs les plus contradictoires, qui sont à la fois uns et plusieurs, matériels et spirituels, qui peuvent se subdiviser indéfiniment sans rien perdre de ce qui les constitue ; c'est en mythologie un axiome que la partie vaut le tout. Ces variations par lesquelles a passé dans l'histoire la règle qui semble gouverner notre logique actuelle prouvent que, loin d'être inscrite de toute éternité dans la constitution mentale de l'homme, elle dépend, du moins en partie, de facteurs historiques, par conséquent sociaux ». (E.DURKHEIM)*

Le jeune-homme-aux-ratés

Un jeune homme d'une vingtaine d'années se présente un jour à ma consultation de psychothérapie. Il souffre de difficultés relationnelles qui l'empêchent d'établir avec les femmes des relations satisfaisantes. Il ressent cette impossibilité comme une malédiction, un handicap qui leste son existence d'un poids insoutenable et l'empêche de se réaliser affectivement. À la fin de la première séance, après avoir entendu le récit détaillé de son ultime échec amoureux, je lui demande ce qu'il veut changer dans sa vie. Sa réponse vint sans détours. Textuellement : « Aujourd'hui, ma vie est pleine de ratés ; je voudrais qu'à l'avenir, elle baigne dans l'huile » !

Arrêt sur image ! Relisons cette réplique. Entendons, non pas tant son sens ni même sa signification psychologique, que les mots qu'elle emprunte pour s'énoncer.

Ce jeune homme n'est pas garagiste. Son métier ne consiste pas à réparer des voitures ou à réviser des moteurs. Or, comment exprime-t-il son désarroi, sa souffrance et son espoir de changement ? En termes de « ratés » et de « bain d'huile ». Tout se passe comme s'il identifiait son appareil psychique au moteur d'une machine ou d'une automobile, comme s'il percevait son fonctionnement intérieur comme une mécanique susceptible de défaillir, de tomber en panne et d'être réparée par une intervention ad hoc. Tout se passe comme si les rouages de cette mécanique n'attendaient qu'une injection d'huile ou le placement d'un nouvel embiellage pour se remettre à fonctionner normalement, sans frottements désagréables ni grincements irritants.

On dira que la vision de ce jeune homme, sa vision de lui-même (et sans doute sa vision d'autrui et du monde) est une vision « mécaniciste ». Cela veut dire que sa pensée et son vécu subjectif sont implicitement structurés par l'image d'un moteur mécanique. Le terme « implicitement » est important car le sujet n'a pas la moindre conscience de cet état de choses. Sa révélation suscitera chez lui surprise et étonnement.

Cet exemple simple, emprunté à la pratique clinique, témoigne, me semble-t-il, de la mise en œuvre dans nos vies quotidiennes, de ce qu'on nomme aujourd'hui : un paradigme.

Qu'est-ce qu'un paradigme ?

Lorsque nous partons en voyage, qu'emportons-nous dans nos bagages avec nos cartes routières et guides touristiques ? Une paire de jumelles. Auxiliaire précieux de nos évasions, cet instrument nous permet de voir avec précision au-delà d'une certaine distance. Il met à portée de vue des objets qui échapperaient à notre observation. L'outil toutefois a sa limite. Il ne permet pas de tout voir. Ce qui est hors de son champ est aussi hors de portée. Autrement dit, les jumelles prolongent notre regard au-delà de sa limite naturelle mais en même temps le bride en lui imposant une direction précise à l'exclusion de toutes les autres. Elles intiment un choix perceptif et choisir une direction, c'est sacrifier les autres. On ne peut pas, simultanément, regarder devant et derrière, en haut et en bas, à gauche et à droite, à l'endroit et à l'envers.

Il en va de même dans la sphère des idées. Nous pensons sans relâche. Les idées nous assaillent. Elles s'entrecroisent et s'entrechoquent. Elles occupent nos esprits et parfois surchauffent nos neurones. Mais la pensée ne fonctionne pas à vide, sans médiation, sans filtre. Elle utilise des concepts, des images mentales, des représentations. Elle s'exerce à l'intérieur d'un cadre de référence qui lui impose une direction. Ce cadre est la lunette avec laquelle nous regardons les choses. Il nous permet de penser le monde mais, dans le même temps, limite cette pensée à une portion déterminée du réel. En quelque sorte, il organise et structure notre compréhension mais aussi la carène et la cadenasse. Par son pouvoir structurant, il nous donne les moyens de comprendre la réalité et d'agir sur elle. Il la rend intelligible et l'offre à notre volonté transformatrice. Mais par son aspect limitatif, il exclut (sacrifie) les autres directions. Par ailleurs, il peut aussi engendrer des illusions, des perceptions biaisées et des interprétations erronées. Il peut faire miroiter de fausses perspectives, produire des mirages dangereux ou encore bloquer durablement l'accès à une multitude d'options ou d'issues aux problèmes que nous avons à résoudre dans l'existence. Question : quelle est l'origine du « cadre de référence cognitif » ? D'où vient-il ? Comment est-il produit ? Par quelle voie d'accès s'immisce-t-il dans notre cerveau ?

Contrairement à ce que nous souffle notre orgueil, il ne relève pas d'un choix personnel. Certes, chaque individu voit le monde à sa manière. Il y a autant de « mondes perçus » que d'individus qui peuplent notre planète. Chez l'animal, c'est la programmation génétique de l'espèce qui organise la perception du monde. Le monde perçu par l'abeille est très différent du monde perçu par le chat, le caméléon ou la corneille mais toutes les abeilles, comme tous les chats, caméléons et corneilles, perçoivent les choses de la même façon. Chez Homo Sapiens, il n'en va pas ainsi. Notre espèce est divisée en une multitude, non pas de sous-espèces ou de familles comme chez les animaux, mais de cultures et d'organisations sociales. Ces cultures et structures sociales ne sont pas statiques. Elles évoluent avec le temps, elles changent et se transforment. Elles ont une histoire. Les mondes perçus et vécus par les membres d'une même société à une même époque recèlent de multiples convergences. Or, la culture précède notre entrée dans le monde. Nous ne naissons pas sociologiquement vierge. Venir au monde, c'est plonger tête première dans un univers socioculturel qui nous préexiste et nous conditionne en nous imposant son cadre. En conséquence, nous partagerons avec tous ceux qui sont soumis à la même socialisation, une façon commune de nous représenter le réel. Notre appartenance à une civilisation déterminée (nous ne vivons pas n'importe où) et à une époque donnée (nous ne vivons pas hors du temps) nous prédispose à regarder le monde avec des lunettes mentales particulières. Ces lunettes mentales constituent un paradigme.

On pourrait donc définir le « paradigme »[1] comme **l'ensemble des opérations logiques, des types de raisonnement, des formes de représentation, des suppositions implicites qu'une civilisation utilise pour appréhender la réalité (y compris sa propre réalité).** Faisant l'objet d'un consensus tacite, il induit **une structuration du monde, commune à tous les membres de cette civilisation.**

Cadre de pensée, raisonnement, structuration intellectuelle, opérations logiques... tous ces termes renvoient à l'œuvre de l'esprit, aux mécanismes de la pensée raisonnante, bref à ce qu'on a coutume d'appeler l'activité cognitive. Faut-il en conclure que leur seul intérêt est d'offrir sujets de thèse aux logiciens ou prétextes à contributions savantes aux philosophes ? Assurément non. Si la notion de « paradigme » nous concerne dans le cadre de cet ouvrage, c'est précisément parce que son incidence dépasse l'activité d'Homo Cogitans. Comme le montre l'exemple clinique du jeune-homme-aux-ratés, il exerce ses droits sur notre vie affective. **Il modèle, à notre insu, la compréhension et l'interprétation de notre expérience subjective concrète**. Doté de l'autorité de l'évidence, il échappe à la conscience critique. Son pouvoir demeure donc occulte (Edgar MORIN parlera de « souverain

---

[1] Le terme « paradigme » recouvre deux acceptions, linguistique et épistémologique. En linguistique (F.de SAUSSURE), le « paradigme » est l'ensemble des mots qui pourraient théoriquement figurer en un point donné de la phrase mais qui, pratiquement, font l'objet d'un choix exclusif (axe vertical de la langue). Il s'oppose au « syntagme », groupe de mots reliés entre eux par des rapports d'interdépendance au sein de la phrase (axe horizontal). En épistémologie, le terme « paradigme » a été sinon introduit, tout au moins généralisé par l'historien des sciences Thomas S.KUHN. Pour une étude approfondie de ce concept, voir : T.S.KUHN, **La structure des révolutions scientifiques,** Flammarion, Paris 1983, ainsi que l'article du même auteur « **En repensant aux paradigmes** » in La tension essentielle, Gallimard, paris 1990 (pour trad.franç.) p. 391 - 423. Voir aussi E.MORIN, **La Méthode IV (Les Idées, leur habitat, leur vie, leurs mœurs, leur organisation),** Paris, Seuil 1991. p.211 et suiv.

souterrain »). C'est pourquoi il peut générer des souffrances, des impasses existentielles, des enfermements psychologiques d'autant plus sournois que sa nature réelle reste cachée et hors de portée de nos instances de délibération. En réalité, il nous enclot dans un système de représentation qui nous transcende et résiste opiniâtrement au changement.

Question : sa résistance au changement est-elle inaltérable ? La persévération du paradigme condamne-t-elle la pensée à tourner indéfiniment autour du même axe sans possibilité de se renouveler, de se trouver de nouveaux régimes ? Fort heureusement, il n'en est rien, comme nous allons le voir.

Changer ou... Changer.

Les chercheurs américains de l'« Ecole de Palo Alto »[2] doivent leur renommée aux études qu'ils ont menées sur la question du changement au sein des systèmes humains. Leurs recherches ont permis de grandes avancées dans la compréhension des dysfonctionnements relationnels entre les hommes. Selon ces chercheurs, il existe deux types de changements : les « changements de niveau un » et les « changements de niveau deux ». Les premiers consistent à modifier l'agencement interne des éléments d'un ensemble donné, sans toucher aux limites de cet ensemble. Les seconds font littéralement exploser les frontières du système, transgressent ses limites. Plutôt que d'agir à l'intérieur du cadre, ils agissent sur le cadre lui-même. Pour comprendre ceci, considérons l'exemple suivant :

Soit neuf points dessinés comme ceci :

[2] Émanation de la Stanford University (USA Californie) réputée pour ses recherches sur l'application des théories cybernétiques à la communication humaine et à la psychothérapie.

0 0 0

0 0 0

0 0 0

Problème : comment relier ces neufs points au moyen de quatre lignes droites sans lever la pointe du crayon ? Si vous tentez l'expérience, il y a fort à parier que vous n'y réussirez pas. Pourquoi ? Tout simplement parce que la disposition des points dans l'espace suggère la figure géométrique d'un carré et qu'à vos tentatives de liaisons s'opposera une contrainte que vous introduisez vous-même, à savoir que la ligne de liaison demeure à l'intérieur de ce carré. Or, cette exigence ne se trouve nulle part dans l'énoncé du problème. La solution implique précisément une « sortie de cadre », soit :

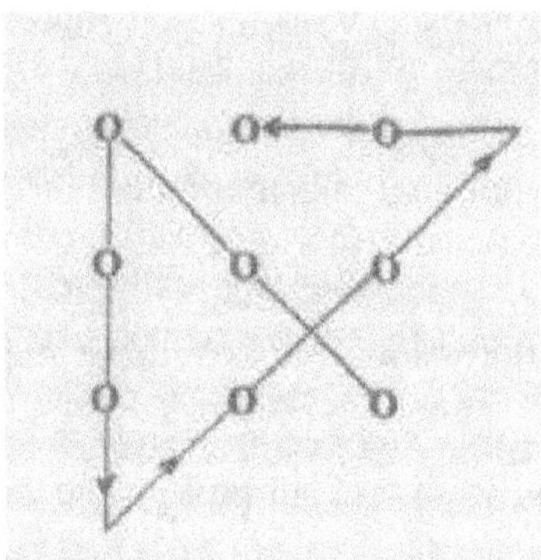

Ce petit jeu intellectuel[3] illustre les situations où seul un « changement de type deux » peut apporter la solution au problème posé (il faut sortir du carré, c'est-à-dire du cadre de référence) alors que tout « changement de type un » (considérer le cadre de référence comme immuable et contraignant) n'offre d'autre issue que de tourner indéfiniment en rond. Ceci peut paraître très abstrait. Pourtant ce principe est d'application dans la vie de tous les jours. Il l'est aussi en psychothérapie. Un exemple clinique pour l'illustrer. Il concerne un jeune homme de vingt-trois ans. Voici la retranscription textuelle de nos premiers échanges :

THÉRAPEUTE. Bonjour ! Pourquoi venez-vous consulter un psychothérapeute ?

PATIENT. (*Gêne*) Eh bien, voilà : je suis homosexuel.

TH. J'entends bien... mais vous ne répondez pas à ma question.

P. ...

TH. Que puis-je faire pour vous ?

P. Mais je viens de vous le dire : je suis homosexuel.

TH J'avais bien entendu. Mais ma question est : En quoi est-ce un problème pour vous ?

P (*Hésitation)* Mes parents ont peur que je sois anormal.

TH Ca, c'est le problème de vos parents. Quel est le vôtre ?

P. (*Après un silence*) J'ai l'impression que les gens me méprisent.

Je ne supporte pas le regard qu'ils portent sur moi.

---

3 Emprunté à P.WATZLAWICK, J.WEAKLAND, R.FISCH, **Changements, paradoxes et psychothérapie**, Seuil, Paris 1975.

TH Alors votre problème, est-ce le fait que vous soyez homosexuel ou est-ce votre difficulté à soutenir le regard des autres sur votre homosexualité ?

P. C'est ma difficulté à soutenir le regard des autres.

Ce dialogue a duré moins d'une minute. Que s'y est-il passé ? Simplement une « sortie de cadre » indispensable à la solution du problème. Je m'explique. Lorsque ce jeune homme arrive chez moi, il est prisonnier d'un cadre de référence (système de perception culturellement déterminé) dans lequel l'homosexualité est une catégorie psychopathologique, donc un problème en soi (évidence non discutable). Mes questions sont autant de refus que je lui oppose d'entrer avec lui dans le cadre qu'il me désigne, d'en admettre, a priori, la pertinence. Elles l'invitent à interroger l'apparente évidence de sa perception initiale et à investir une position de surplomb (l'homosexualité est-elle un problème en soi ?). À partir de là - et à partir de là seulement - la véritable question peut émerger : souffrez-vous de votre désir homosexuel... ou du regard que les autres portent sur celui-ci ? Si, comme ce jeune patient me le proposait, j'avais admis d'emblée l'équation : homosexualité = problème, j'aurais avalisé implicitement la pertinence de son cadre de référence, ce cadre même qui l'emprisonne.

Bon nombre de problèmes humains demeurent insolubles tant qu'on essaye d'en sortir en modifiant l'agencement interne de leurs éléments (changement de type 1). Une formule exprime ce constat : plus ça change, plus ça reste pareil ! L'issue impose une sortie de cadre, un regard en surplomb. Il faut changer de lunettes afin de regarder la situation problématique sous un **nouvel angle de vue** (changement de type deux). Mais cette opération n'est pas facile. Elle met à mal nos habitudes. Elle bouscule sans ménagement notre frilosité naturelle et nos réflexes sécuritaires. Elle nous oblige à abandonner le support confortable du point de vue familier et nous confronte à l'inconnu, à l'étrangeté. Notre intuition nous souffle qu'elle n'est peut-être pas sans risque.

C'est pourtant à ce risque que la science moderne est en train de se colleter depuis quelques décennies. C'est ce défi qu'en toute conscience, elle est occupée à relever. Sa révolution tranquille consiste à interroger et à remettre en cause les principes de rationalité, les représentations mentales, les logiques de déduction qui l'ont outillée pendant des siècles. Elle consiste aussi à en inventer d'autres, à raisonner sur des bases différentes. Par commodité, nous regrouperons les premiers sous le vocable générique d'« ancien paradigme » et les seconds sous l'appellation de « nouveau paradigme ».

Dans cet ouvrage, je me propose de mettre en lumière les opérations logiques et les principaux systèmes de représentation qui définissent ces deux paradigmes : l'« ancien » et le « nouveau ». J'insiste toutefois sur l'importance des guillemets. Les termes « ancien » et « nouveau », de même que le schématisme des tableaux de synthèse qui en ponctuent l'explicitation, relèvent d'une préoccupation didactique. Ils traduisent en clauses d'oppositions tranchées ce qui doit être perçu comme un glissement progressif, hésitant, chaotique. Le terme « révolution » paradigmatique, souvent utilisé, me paraît mystificateur. Par sa nomination abrupte, disruptive, il évacue d'un coup de serpillière les multiples préfigurations du « nouveau paradigme » et ses incidences récurrentes dans l'histoire de la philosophie occidentale (notamment chez les philosophes présocratiques, V siècle A.C.)[4]. Il méconnaît aussi

[4] Surtout dans l'interprétation ontologique de HÉRACLITE, PROTAGORAS, PYRRHON. Voir à ce sujet : M.CONCHE, **L'Aléatoire,** Ed.de Mégare 1989 p.88 et suiv. Voir aussi : E.MORIN, **La Méthode IV (Les idées...)** Seuil, Paris 1991. p. 53.

l'étonnante convergence entre certains aspects de celui-ci et les traditions initiatiques tant occidentales (alchimiste) qu'orientales (taoïste ou zen)[5]. Nous y reviendrons.

Cette précision de langage étant posée, mon propos sera de repérer quelques implications de ce glissement paradigmatique, non seulement dans notre façon de penser le monde, mais aussi et surtout dans la manière de le vivre, d'appréhender notre vie psychique, nos sentiments, nos désirs, nos émotions, nos relations interpersonnelles, avec, en filigrane, un constat et une question :

Nous nous obstinons à VIVRE AU QUOTIDIEN, à sentir, à penser, à agir, à aimer, en vertu de présupposés, de « logiques », de valeurs qui sont profondément ébranlés par les coups de boutoir de la science contemporaine ou, plus exactement, par la représentation du monde qu'elle donne à voir. Dès lors, n'y a-t-il pas lieu de REPENSER NOTREVIE, NOS RAPPORTS QUOTIDIENS AVEC LES AUTRES, NOTRE ÉTHIQUE peut-être, à la lumière du changement de paradigme en cours ?

---

[5] Voir à ce sujet les travaux de F.CAPRA (relation entre physique nouvelle et mystique orientale) et de P.SOLIE (convergences entre physique nouvelle et tradition alchimique).

Première partie

Exploration dans l'univers de l'ancien paradigme

« J'appelle "science classique" toute démarche scientifique qui obéit au paradigme de simplification. Le paradigme de simplification opère par ***réduction*** *(du complexe au simple, du molaire à l'élémentaire),* ***réjection*** *(de l'aléa, du désordre, du singulier, de l'individuel),* ***disjonction*** *(entre les objets et leur environnement, entre objet et sujet) » (E.MORIN)*

CHAPITRE 1.

LE PARADIGME CARTESIEN - NEWTONIEN

Le constat est sans appel. En un temps très court, la civilisation occidentale a connu un développement sans précédent, dont les effets se font sentir dans le concret de nos vies quotidiennes : électroménager, robotique, téléphonie mobile, audiovisuel, et aujourd'hui, informatique, internet, biotechnique, révolution génétique etc. Ce développement est lié au progrès scientifique et technologique, au déploiement exponentiel des savoirs et savoir-faire. Trois certitudes puissamment ancrées dans l'inconscient culturel occidental l'ont bétonné. La première est la croyance selon laquelle la science et la technique qui en est dérivée apporteront des solutions définitives et bénéfiques aux problèmes de l'humanité. Roger GARAUDY, pour mieux la dénoncer, nomme cette attitude « idéal technologique ». La seconde est l'idée selon laquelle tout ce qui PEUT techniquement être réalisé, DOIT nécessairement l'être, en conséquence de quoi les choix essentiels sont devenus de moins en moins politiques (c'est-à-dire démocratiquement légitimés), de plus en plus technocratiques. Jean-Claude GUILLEBAUD parle à cet égard d' » injonction scientiste » et y perçoit une menace contre ce qui fait l'humanité de l'homme. La troisième, enfin, est la certitude selon laquelle notre civilisation de haute technicité connaîtra une croissance illimitée parce qu'elle s'inscrit dans la ligne d'un progrès constant et d'un développement irréversible.

C'est le mythe de la croissance linéaire et du progrès continu[1]. Mythe scientiste, mythe technologique, mythe du progrès continu... Pourquoi désigner ces idéaux par un substantif qui semble en déforcer le caractère réaliste, raisonnable, rationnel ? Pour deux motifs. D'une part, parce qu'ils renvoient à des opinions, des croyances collectives plus ou moins tacites supportant une prédiction du futur, une supputation sur le devenir historique. Ils témoignent donc d'une sorte de fond culturel et d'espoirs d'avenir communément partagés. D'autre part, parce que ces croyances collectives sont - selon un terme à la mode - porteuses. Puissamment investies, elles focalisent les aspirations individuelles et mobilisent les volontés dans un sens donné. Elles constituent, au sens strict, des vecteurs d'action sociale puisqu'elles comportent à la fois une force et une direction.

Or, ces certitudes mythiques, ces croyances mobilisatrices, ces dynamismes d'action, reposent sur un socle immergé et souterrain. Ce socle dur, cette couche granitique, cette architectonie socio-mentale enfouie, c'est ce que nous avons nommé un « paradigme », soit (dans l'acception la plus large du terme) une vision implicite de l'homme, de l'univers et de la place de l'homme dans cet univers.

Pendant plus de deux siècles, c'est le paradigme « cartésien-newtonien qui a prévalu sous nos latitudes, ainsi nommé parce qu'associé aux noms du philosophe français René DESCARTES (1596-1650) et du physicien anglais Isaac NEWTON (1643-1727). Ces deux penseurs ont profondément marqué l'intelligence du monde et l'exercice de la rationalité occidentale parce qu'ils ont imprimé à notre culture une

---

[1] Les dangers présents dans ces mythiques sociales occidentales ont été farouchement dénoncés par des auteurs comme R.GARAUDY (**Appel aux vivants**, Seuil, Paris 1979), I.ILLICH (**Libérer l'avenir**, Seuil, paris 1971 et **La convivialité**, Seuil, Paris 1973) et Raoul VANEIGEM, **Adresse aux vivants**, Seghers, Paris 1990.

direction qui dépasse de loin leurs apports philosophiques et scientifiques.

Dans une première approximation, le paradigme cartésien-newtonien repose sur une série de postulats dont voici les principaux :

1. Pour comprendre véritablement l'intimité des choses, il faut les isoler de leur contexte et les décomposer en éléments constitutifs. Cette démarche intellectuelle d'isolation et de réduction au simple est dite « réductionniste/ élémentariste ».

2. N'est digne d'intérêt scientifique que ce qui peut être objectivement observé et, si possible, quantifié. On ne peut étudier les phénomènes que dans la mesure où l'on n'y participe pas. Cette attitude est dite « objectiviste ». C'est elle qui, au quatorzième siècle, produisit le « Yalta » de la connaissance, soit le divorce entre le domaine des faits (science) et celui des idées (philosophie).

3. L'univers est une grande horloge qui fonctionne selon des lois invariables que la science a pour mission de découvrir. C'est une mécanique bien rodée que seul l'accident peut subvertir. Ce présupposé est dit « mécaniciste ».

4. L'Univers se déploie dans les trois dimensions de la géométrie d'Euclide. Les phénomènes s'y enchaînent dans un temps linéaire, c'est-à-dire que les « conséquents » suivent les « antécédents » et que les « effets » suivent les « causes » (les mêmes causes produisant les mêmes effets). On y reconnaît le primat du causalisme simple.

5. Comme blanc et noir, nuit et jour, ombre et lumière, concave et convexe... les contraires s'excluent de manière absolue. Je ne puis être à la fois A et non-A, je ne puis être une chose et son opposé. C'est le règne de la disjonction (esprit/matière, objet/sujet, nature/culture, ordre/désordre...) et de la logique du Tiers-Exclu.

6. Les êtres et les choses sont des entités séparées, isolables, dotées de densité et de permanence. Ce sont des « substances » qui se détachent de leur environnement par des contours précis et dont l'identité est directement repérable. Ce postulat est dit « substantialiste ».

Appliquons, à présent, ces façons de penser, ces filtres conceptuels, sur les lunettes qui nous servent à regarder le monde et voyons comment celui-ci nous apparaît.

Ce qui se donne à voir, c'est d'abord un UNIVERS qui ressemble à une machine rigoureusement agencée et bien huilée que seul l'accident peut subvertir. Autrement dit, l'échec et l'erreur n'appartiennent pas à la nature des choses. Les processus sont conçus pour fonctionner correctement et sans heurts. Si ce n'est pas le cas, on invoquera une défaillance accidentelle, en quelque sorte une exception regrettable, qui magnifie d'autant mieux l'universalité de la règle générale. En outre, le fonctionnement de cet univers est régi par des lois constantes et immuables que l'investigation scientifique a pour tâche de découvrir. Il est un ordre a priori, un « donné » sans histoire, caractérisé par la stabilité, l'identité et la répétition (les mêmes choses se répétant à l'infini). En conséquence, les phénomènes qui animent cet univers sont mesurables, quantifiables. Ils peuvent être aisément traduits en langage mathématique.

LA CONNAISSANCE SCIENTIFIQUE suppose, comme condition de possibilité, la neutralité de l'observateur qui, en aucun cas, ne peut interférer dans le déroulement du phénomène observé. Elle est donc fondée sur un impératif de disjonction objet (observé) / sujet (observant). Comme chacun sait, le chercheur, s'il veut être crédible, doit laisser au vestiaire sa propre subjectivité. La conscience observante s'efface devant l'objet souverain.

En outre, la science est connaissance des lois générales et généralisables, parce qu'il n'y a de science que du « général ».

Le « particulier » (c'est-à-dire l'être dans sa singularité, la chose dans sa spécificité) n'entre pas en ligne de compte. Ou bien il est contraint bon gré mal gré de se positionner dans les catégories du « général », ou bien il se voit assigné à résidence surveillée en marge de celles-ci. En médecine, par exemple, on regroupera sous le label fourre-tout d'« idiosyncrasies », toutes ces particularités singulières (céphalées, fatigues chroniques, malaises diffus....) qui ne trouvent pas place dans les catégories connues ou les théories en cours et dont on ne parvient pas à détecter l'origine. Le terme sera adopté dans un second temps par les psychologues.

LA MATIÈRE est dotée de densité, de solidité et de permanence. Elle est **substantielle** et recèle, à sa limite ultime, une « brique élémentaire », un constituant de base : l'atome (étymologiquement : atome = unité insécable, indivisible).

L'objet physique est donc un « plein » qui se détache du vide. En s'ajustant les uns aux autres, ces objets forment des systèmes physiques et ceux-ci sont **déterminés**, c'est-à-dire que lorsqu'on connaît l'état initial d'un système et sa loi d'évolution, on peut prédire par calcul tous ses états futurs et rétrodire tous ses états passés. Le processus est entaché de **prévisibilité**, il relève, selon l'expression de Jean LADRIERE[2] d'une « physique de l'éternel retour ».

Ceci nous amène à la question du TEMPS. Comme on le verra, l'idée qu'une époque se fait de l'écoulement temporel, du flux de la durée, n'est pas étrangère aux découvertes scientifiques et aux innovations technologiques qu'elle engendre. Or l'invention la plus marquante du dix-neuvième siècle, c'est la machine à vapeur. La machine à vapeur fonctionne grâce à un combustible qui se transforme et fourbit de l'énergie mécanique. Le concept d'« énergie » va donner

---

[2] J.LADRIERE, **Le devenir de la rationalité,** in Revue Nouvelle, Bruxelles, octobre 1986.

naissance à une science nouvelle : la thermodynamique, étude de la conduction de la chaleur. Mais il va, plus fondamentalement encore, orienter toute la rationalité scientifique et induire une nouvelle manière de considérer la trame du réel. Lorsque CARNOT énonce la loi d'entropie (second principe de la thermodynamique), il pose qu'à l'intérieur d'un système clos, la quantité d'énergie reste constante mais que sa qualité (c'est-à-dire sa capacité à effectuer un « Travail ») se dégrade. L'entropie exprime la tendance de l'énergie à la dégradation qualitative et, par extension

- la tendance de la matière à la désorganisation (au désordre croissant)

- la tendance des systèmes à l'homogénéisation.

- l'évolution inéluctable des choses vers la mort.

La thermodynamique introduit donc une brèche dans l'idée de réversibilité du temps qui avait la cote au siècle précédent parce qu'elle était suggérée par le mouvement pendulaire de l'horloge. Si l'énergie se dégrade (si les morceaux d'un verre cassé ne peuvent reconstituer le verre), c'est qu'il n'est pas possible de « remonter » le cours du temps et que celui-ci est fléché.

Si le temps de la science classique est un « temps linéaire » (les phénomènes ont un début et une fin ; si A produit B, A est la cause précédant l'effet B...), l'ESPACE dans lequel se meut le monde est un espace à trois dimensions (hauteur, largeur, profondeur), conforme à la représentation intuitive courante. Il peut être intégralement décrit par la géométrie euclidienne, celle que nous avons apprise sur les bancs de l'école. L'espace est perçu comme une simple toile, neutre et inerte, sur fond de laquelle se déroulent les événements du monde.

Pour résumer, nous dirons que le paradigme newtonien-cartésien est l'outil de pensée correspondant à ce que Jean ONIMUS nomme : le fantasme d'un monde automate attribuant à l'homme le rôle de super-mécanicien. Il est inféodé à certaines préséances-maîtresses induisant une certaine lecture du réel, soit la préséance...

du stable

de l'identique

du répétitif et du réversible

du prévisible

du substantiel et du solide

du quantitatif (utilitaire).

Sur le plan des processus de raisonnement, il accorde primauté au « disjonctif » (opération de séparation) sur l'« associatif » (opération d'intégration), à la démarche « analytique » (pensée explicative-rationalisante) sur la démarche « synthétique » (pensée compréhensive-intuitive). Sur celui de l'ontologie, il est fondé sur le « dualisme métaphysique » d'ARISTOTE c'est-à-dire l'opposition entre l'essence des choses (leur nature intime) et les accidents qui surviennent ; ou encore sur le dualisme de KANT entre la substance des choses et leurs propriétés, entre l'apparence périphérique (phénomène) et la réalité centrale échappant à la conscience immédiate (noumène).

S'il nous intéresse dans le cadre de ce propos, c'est parce que, comme nous le disions en commençant, les préséances qu'il produit dépassent le domaine des opérations intellectuelles. Elles s'infiltrent dans l'intimité même de notre expérience quotidienne et de notre vécu subjectif, notamment par la médiation du langage.

CHAPITRE 2.

LE PARADIGME CARTESIEN-NEWTONIEN AU JOUR LE JOUR !

On l'a compris. Si les paradigmes concernaient uniquement les phénomènes naturels, ils n'intéresseraient que les physiciens et les chimistes. S'ils étaient exclusivement affaire de fonctionnement intellectuel et de structure logique, ils n'auraient d'intérêt que pour les logiciens et les épistémologues (à la rigueur, pour les pédagogues et les spécialistes des neurosciences). **L'étude des paradigmes nous concerne tous et toutes, parce que, en tant que structurations implicites du monde perçu et vécu, ils ont une incidence sur notre vie quotidienne**. Cette incidence est à la fois positive et négative. Positive, car les paradigmes nous aident à mettre de l'ordre dans notre représentation du monde et, par-là, à maîtriser la réalité. Incidence négative quand, sous prétexte de mise en ordre et de maîtrise, ils nous enferment dans des carcans existentiels et bloquent tout accès au changement. Or, comme l'a montré l'exemple du début (le jeune-homme-aux-ratés), cette action structurante (balisante) / limitative (aliénante) du paradigme s'exerce et s'exprime d'emblée à travers le réseau médiateur du langage. C'est dans les mots utilisés par le patient pour décrire sa souffrance que nous est apparue la vision mécanicienne implicite dont il se sert pour appréhender sa propre vie.

1. Du Logos ...

Nous communiquons entre nous par la parole et cette manière d'interagir nous distingue des animaux. L'évidence du constat n'interdit pas son rappel. Contrairement à nos frères mammifères et primates, nous échangeons des sons articulés qui se combinent entre eux pour former des mots et des phrases. Les mots sont des signes arbitraires qui nous permettent de désigner les objets. Le langage est donc un entre-deux, une sphère intermédiaire qui s'interpose entre le monde des choses et nous. Nous sous-estimons généralement le rôle de cet entre-deux. Nous n'y voyons qu'une membrane transparente, un support neutre de communication entre les êtres, un véhicule docile servant au transport des messages. Question impertinente : et si l'on procédait à une inversion de rôles ? Si c'était le langage qui fabriquait le message et en usinait le sens ? **Si c'était le langage qui façonnait l'homme et construisait son rapport au monde** ?

Les langues en usage sur notre planète sont diverses. Chaque peuple possède la sienne. Or, tout dialecte, remarque Alfred KORZYBSKY, renvoie à une structure spécifique, à des modes d'articulation qui lui sont propres (son « génie », disaient jadis nos professeurs de langues). Cette structure particulière, combinaison de « signifiants » (vocabulaire) et de règles d'articulation de ceux-ci (syntaxe) se voit projetée sur le monde. Celui-ci prend alors formes, couleurs et contours comme un paysage sous le pinceau du peintre. Le vocabulaire que nous utilisons n'est pas un simple intercalaire. Il modèle à notre insu notre intelligence du monde et, par voie de conséquence, notre rapport pratique à celui-ci. Le problème, poursuit A.KORZYBSKY, est que certains éléments du langage s'avèrent inopérants, voire dangereux, lorsqu'ils perpétuent (par paresse ou résistance) une vision du réel devenue obsolète. Par exemple, nous nous obstinons à dire que le soleil « se lève » à l'aube et « se couche » au crépuscule. C'est absurde littéralement mais sans grande conséquence, car chacun sait, depuis la réfutation ptoléméenne du géocentrisme que l'expression doit être entendue au sens figuré (le soleil ne « se lève » pas puisque c'est la terre qui tourne autour de lui). Il s'agit d'une métaphore poétique qui a vieilli avec l'usage et dont la puissance évocatrice s'est progressivement érodée[1]. Mais d'autres expressions, d'autres oppositions, sont moins innocentes. Par exemple, l'opposition corps/âme, ou l'opposition psyché/soma qui en dérive. Celles-ci, nous y reviendrons, suggèrent une vision dualiste selon laquelle l'être humain aurait un corps ET un esprit, objets de deux sciences distinctes, la biologie et la psychologie. Cette vision est tendancieuse puisqu'elle fait peu de cas de l'intrication intime des deux composants que révèle aujourd'hui la psychosomatique. Deux autres exemples proposés, cette fois, par Roland BARTHES. Tous les mots de la langue française sont masculins ou féminins. Le « neutre » (ni masculin, ni féminin) et le « complexe » (masculin ET féminin) n'existent pas (à quelques exceptions près pour le « complexe » comme « amour », « délice », « foudre », « hymne »). Conséquence pratique : le monde est irrémédiablement sexué et bisexué. Les choses appartiennent obligatoirement à un sexe ou à l'autre. Nulle échappatoire au tranchant de la bipartition ! Par ailleurs, lorsqu'au cours d'une conversation, nous nous adressons à une autre personne, nous n'avons le choix qu'entre le « tu » et le « vous », soit entre l'injonction d'intimité (tu) et l'injonction de distance (vous). Pas de place pour ce que l'auteur nomme « le suspens affectif et social ». Il faut choisir et le choix d'un registre exclut l'autre. Ces trois exemples illustrent la prégnance du principe

[1] L'appauvrissement du pouvoir évocateur d'un mot ou d'une métaphore suite à un usage excessif de celui (celle) -ci est nommé « catachrèse » (ex. l'expression « je suis étonné », à l'origine, signifiait littéralement « je suis comme frappé par la foudre »).

de disjonction (c'est ceci OU cela) dans la vie de tous les jours.

Mais une langue ne se limite pas à une succession de mots ou d'expressions. Les mots s'articulent entre eux selon une grammaire qui dote chaque langue de sa spécificité et de son originalité. Or, ici aussi, constat identique : les préséances grammaticales et syntaxiques d'un idiolecte ne sont pas sans effet sur la structuration de la pensée des locuteurs. Ainsi, par exemple, la primauté du verbe « être » et la prévalence du substantif caractérisent les idiolectes indo-européens. Cette prévalence tend inévitablement à atténuer la différence entre les mots et les choses, donc à induire subrepticement une perception substantialiste qui privilégie les « monades »[2], les entités partielles, tout en laissant dans l'ombre les relations fonctionnelles et les liens globaux. Autrement dit, le réel y apparaît comme une mosaïque, un kaléidoscope d'objets isolés, les relations entre ceux-ci passant au second plan. Il y a primitivement des choses et ces choses nouent **secondairement et subsidiairement** des relations entre elles. Pour qu'il y ait des relations, il faut qu'il y ait d'abord des choses qui entrent en relation. « Si chaque langue dit le monde à sa façon », écrit Georges STEINER, « le monde dit par notre langue aristotélicienne est un monde chosiste, fixiste, élémentariste[3]. Il renchérit ainsi au constat percutant de Gaston BACHELARD : l'objet fétiche de la logique d'Aristote, c'est l'objet stabilisable, immobile... la chose au repos !

---

[2] Pour LEIBNIZ, unité simple et indivisible dont tous les êtres sont constitués.

[3] G.STEINER, **Réelles Présences,** Gallimard, Paris 1991, p. 81. Et l'auteur d'ajouter (p.192) : « La manière dont les différentes langues délimitent et segmentent le phénoménal, la manière dont elles situent l'expérience dans l'espace et le temps - les temps et les modes des verbes - constituent des options grammaticales directes qui sont mises à exécution. Elles diffèrent fondamentalement selon les cultures et les époques. »

2. ... à l'Eros !

Pour illustrer ce pouvoir d'infiltration du paradigme (structuration langage/pensée) dans toutes les couches de l'architectonie mentale, y compris les plus intimes, prenons pour exemple la question du couple humain et de la sexualité. Si nous observons comment nous vivons quotidiennement cet aspect essentiel de nos existences et à quelles « logiques » implicites nous en soumettons l'exercice, nous pouvons poser quelques constats.

1. Le couple et la relation amoureuse sont perçus et évalués selon des critères de pérennité, de stabilité et de contrôle.

   - **pérennité** : « amour » rime avec « toujours ». Par essence, le couple est destiné à durer. Sa désintégration ne peut être qu'accidentelle (c'est-à-dire étrangère à son essence) donc vécue comme un échec. Cet échec sera imputable aux termes de la relation, soit aux conjoints eux-mêmes, à l'un ou à l'autre ou bien aux deux à la fois. Il sera entaché d'un sentiment de culpabilité ou, à tout le moins, de responsabilité.

   - **stabilité** : le couple est un système dont la finalité est non seulement la durée mais aussi l'équilibre (le couple idéal est le couple « stable »). Celui-ci est menacé par l'incursion déstabilisatrice du monde extérieur (l' » autre » est un rival potentiel). Sa meilleure protection sera donc la non-ingérence et la fermeture.

   - **maîtrise** : le couple est souvent un lien d'appartenance réciproque, le théâtre d'une lutte pour la possession ou le contrôle du partenaire. En témoigne le serment canonique des amoureux : « je t'appartiens » ou « tu es à moi ». En dépit des vœux pieux et des déclarations d'intentions, il est tellement difficile de laisser à l'autre l'espace de liberté dont il a besoin pour être-ce-qu'il-est, sans chercher à le transformer, le modeler, le façonner selon ses propres désirs. Nous ressemblons au sculpteur Pygmalion qui, selon la légende, façonna Galatée, la femme objet de son désir.

2. Le sentiment amoureux est perçu comme allant de soi. Il fonctionne selon une algèbre binaire du Tout-ou-Rien : il est ou n'est pas (ou n'est plus). S'il est là, il est exclusif. L'amour ressemble à un capital régi par une arithmétique à sommation nulle : si je donne d'un côté, je prends obligatoirement de l'autre. Je ne puis aimer d'amour plus d'une personne à la fois. La capacité d'aimer est perçue comme un « donné », une aptitude sui generis au même titre que la vision binoculaire ou la couleur des cheveux. Aimer ne s'apprend pas.

3. La libido est un besoin permanent, stable, soumis seulement à une entropie relative (elle décroît parfois avec l'âge). Elle témoigne d'un processus continu et prévisible. Sa satisfaction est évaluée selon des critères de performance quantitative (combien de fois par semaine ?) et qualitative (serai-je/suis-je/ai-je été à la hauteur ?)[4]. Dans cette logique, toute panne est dramatiquement vécue, souvent culpabilisée, et exige le secours d'un « dépanneur » professionnel, nommé « sexologue » ou « sexothérapeute ».

4. L'acte sexuel est inféodé à la monotone répétition-du-même, à la codification du geste et du temps. Son déroulement obéit à une loi culinaire où il est question (cf. les magazines à grands tirages) d'« entrée », d'« entremets », de « plat de résistance », de « dessert » ! L'intromission coïtale est le point d'orgue obligé de la « performance » virile. Notons au passage que le terme

---

[4] Il y a co-incidence historique entre la domination de l'« ancien » paradigme et un état de société où tout (y compris la sexualité) est évalué du seul point de vue masculin.

« impuissance » utilisé pour désigner le défaut d'érectilité, exprime bien la prégnance obstinée de cette mythologie sexuelle en psychopathologie.

Cet exemple nous convainc que le paradigme n'est pas seulement affaire de processus cognitifs, que le pouvoir de la logique héritée d'ARISTOTE et de DESCARTES s'étend à d'autres sphères qu'à celle du Cogito. Il montre qu'en délimitant et en découpant l'expérience humaine comme il le fait (notamment celle de la jouissance), il induit une perception particulière des choses les plus intimes de la vie. Dotant cette perception de l'autorité suprême de l'évidence et du bon sens, il s'assure notre adhésion sans condition. Il loge la police du désir dans notre cerveau. Elle nous emprisonne avec notre consentement.

Avant de conclure ce chapitre, dissipons un malentendu. Récuser l'hégémonie du paradigme cartésien-newtonien ne signifie nullement en contester la légitimité. Il ne s'agit pas ici de lui intenter procès ou de nier son apport. Cette attitude témoignerait d'une ingratitude amnésique. Ce paradigme marque une étape importante dans l'effort humain pour comprendre le monde et en tirer le meilleur parti. En simplifiant le complexe, en isolant les faits, en circonscrivant les phénomènes, en exorcisant la connaissance des démons (préjugés, superstitions, croyances...) qui la parasitaient, il nous a délivrés des dangers de l'obscurantisme et de la pensée magique. En essayant de tirer le meilleur parti possible du monde, il projetait sur celui-ci la volonté d'un certain type d'homme : l'homme prométhéen[5] animé d'un idéal de maîtrise de la nature (de sa nature !) et d'exploitation performante de celle-ci.

---

[5] Dans le couple fraternel de la mythologie grecque, Epiméthée est celui chez qui l'expérience précède la pensée et lui donne le ton. Prométhée, son frère, est celui dont la pensée précède l'expérience dans une tension projective qui lui permet la maîtrise du monde.

Si aujourd'hui, le paradigme newtonien-cartésien est en voie de dépassement, c'est qu'il révèle ses insuffisances au regard des nouvelles exigences de savoir et d'action. Nous constatons cependant qu'il continue à exercer sa pression sur nos sentiments, nos aspirations intérieures, nos relations interpersonnelles, bref sur notre vécu quotidien. Cela justifiait qu'on s'y arrête.

Effectuons à présent nos premiers repérages sur les voies nouvelles de la pensée contemporaine et initions-nous dans son sillage à une conversion du regard.

Tableau 1 : ancien paradigme

Je suggère ici quelques éléments de mise en parallèle (tableau à deux colonnes) de la représentation physique de l'univers matériel et de la représentation psychique de l'univers subjectif.

Je souhaite que le lecteur n'attribue à ce tableau schématique d'autre valeur que celle d'une piste de réflexion.

Je lui suggère aussi de faire retour à ce tableau après lecture complète de l'ouvrage, certains parallélismes étant développés ultérieurement.

CHOSES DE LA MATIERE ET DE L'UNIVERS	*CHOSES DE LA VIE ET DU LIEN INTERHUMAIN*
UNIVERS = ordre stable régi par principes d'identité et de répétition	AMOUR = état stable et solide de la matière relationnelle Idéal = pérennité —> valeur fondatrice = fidélité
MATIERE substantielle (pleine, dense) fondée sur une "brique" élémentaire: l'atome démocritéen (insécable)	L'amour dure par "essence" (amour rime avec toujours) Il meurt par "accident" (sa cessation est vécue comme un échec)
OBJET physique périssable par "accident"	Mythe selon lequel on peut toujours "recommencer à zéro" apurer les dettes du passé
TEMPS réversible (modèle du mouvement pendulaire)	Evolution d'une relation prévisible, déterminée par: état initial : caractères des partenaires (on divorce pour "incompatibilité caractérielle"
EVOLUTION prévisible des systèmes car le futur est déterminé par l'état initital et l'entropie, soit la tendance de la matière à la désorganisation et à l'homogénéisation	dégradation entropique (habitude, ennui...) combattue par un volontarisme (bonne volonté, force de caractère, sens des convenances...)
En physiologie, préséance du principe d'homéostasie (tendance à la réduction de tension)	COUPLE = système en équilibre à protéger des effets déstabilisateurs de l'environnement (ses bruits et fureurs)
UNIVERS = donné non historique régi par des lois de fonctionnement que l'objectivation scientifique a pour mission de découvrir	AMOUR = donné préalable, évidence a priori (on aime, comme on respire - fonction quasi physiologique
CONNAISSANCE SCIENTIFIQUE suppose: - disjonction objet observé/sujet observant - modèle explicatif disjonctif/ élémentariste - principe du tiers-exclu (opposition des contraires)	VISION disjonctive sujet/objet, masculin/féminin, moi/ l'autre, amour/haine, sexe/sentiment, actif/passif —> relation utilisatrice (parasitaire). L'autre est inconsciemment utilisé à mes propres fins inavouées
EVENEMENTS s'enchaînent selon causalité linéaire (la même cause produisant le même effet)	Oscillation extrême fusion (symbiose) extrême fission (rejet haineux)
Arithmétique à sommation nulle (gain de A = perte de B)	EVENEMENT (problème, conflit...) saisi selon * une causalité linéaire, * une vision binaire (relation = Toi + Moi)
	Dynamique exclusion/possessivité: amour soustrait, divise, sépare. Comptabilité algébrique naïve du Tout ou Rien. Aimer, c'est noir OU blanc ("ce que tu donnes à un autre, tu me le prends"....)

DEUXIÈME PARTIE.

QUELQUES REPÈRES SUR LES SENTIERS D'UN NOUVEAU PARADIGME

CHAPITRE 1.

LA « REVOLUTION PARADIGMATIQUE » : S'INITIER A UN NOUVEAU LANGAGE ? SURVOL GENERAL ET RECONNAISSANCE DU TERRAIN

> *« Il n'est rien dans l'univers qui ne soit temporel ; il n'est aucun élément, depuis la particule jusqu'au composant le plus stable, qui ne puisse être conçu comme événement, c'est-à-dire quelque chose qui advient, se transforme, disparaît. Le cosmos lui-même est un Événement qui se poursuit en cascades d'événements où ont surgi les particules, se sont formés les atomes, où s'allument les soleils, meurent les étoiles, naît la vie. Toute organisation active est un entrelacs d'événements désorganisateurs et d'événements réorganisateurs... L'événement, comme dit Whitehead, est l'unité des choses réelles. » (E.MORIN)*

Tisserand de la métaphore, virtuose de l'image poétique, Gaston BACHELARD se plaisait à souligner l'analogie profonde entre le regard et la lumière. « L'œil », disait-il, « est un centre de lumière, un petit soleil qui projette sa lumière sur l'objet regardé »[1]. Mais l'œil ne se contente pas d'éclairer les choses passivement, au petit bonheur la chance, comme le ferait un jet de lumière soumis à une fantaisie aveugle ou au seul hasard. Il choisit ce qu'il capte ou laisse dans l'ombre. Il décide de son angle de vue et filtre l'information du monde. Le problème est qu'il opère ses choix dans le plus grand

[1] G.BACHELARD, **La poétique de la rêverie,** PUF, Paris 1961 p.157.

secret, en nous laissant, le plus souvent, dans l'ignorance de ses critères de sélection. Autrement dit, nous voyons les objets qui nous entourent sans trop nous soucier de la manière dont procède cette perception. « Les lunettes que nous chaussons nous montrent le monde, mais point les lunettes ! » dira André COMTE-SPONVILLE, près d'un demi-siècle plus tard[2].

Citer G.BACHELARD et A.COMTE-SPONVILLE en débutant ce périple n'est pas innocent. Le premier fut le promoteur infatigable d'un « nouvel esprit scientifique », c'est-à-dire d'une autre manière de regarder les choses, d'appréhender le monde. Nous lui devons les outils épistémologiques et logiques qui nous permettent de penser la nature avec des yeux plus lucides parce que plus conscients de leur propre mécanique optique. Quant au second, philosophe de la pensée vivante, de la pensée heureuse, ne nous incite-t-il pas lui aussi, à regarder l'œil qui regarde le monde autant que le monde lui-même, puisque le bonheur, pour lui, est une question de pensée, de philosophie, donc de regard ? On ne pouvait mieux exprimer et condenser le présupposé, l'idée rectrice, de cet ouvrage : **le bonheur (angle de vie) est peut-être affaire de paradigme (angle de vue) ! La qualité de l'univers subjectif et du lien interhumain est peut-être affaire d'intelligence du monde.**

Moduler la dioptrie de nos verres pour poser un regard neuf sur les choses et, en même temps, rebrousser chemin, faire retour sur nous-mêmes, pour nous regarder regardant ! Opération délicate, va-et-vient redoutable. Ne nous y trompons pas ! Il faut passer le Rubicond. Il faut mettre au vestiaire nos évidences les plus chères, subvertir notre sens commun, prendre le risque de nous colleter avec une réalité plus complexe, plus insolite, plus déroutante que celle à laquelle nous avaient habitués la philosophie cartésienne et la

---

2 A.COMTE-SPONVILLE, **Le mythe d'Icare. Traité du désespoir et de la béatitude - 1** PUF, Paris 1984 p.206

science newtonienne. Il s'agit d'un travail de dépouillement et d'ascèse.

Je me propose de procéder à ce travail par étapes successives.

Dans ce premier chapitre, nous survolerons à haute altitude (donc sans trop de souci du détail) les différentes lignes de fracture imprimées dans la roche du savoir par l'action érosive (corrosive !) du « nouveau paradigme ». Dans les chapitres qui suivront, nous ferons retour sur les plus significatives d'entre elles, au regard de notre propos. Nous les visiterons d'un peu plus près comme on inspecte les différentes pièces d'une nouvelle habitation après y avoir effectué un rapide état des lieux. Nous établirons entre sciences de la nature et sciences de l'homme quelques navettes qui, je l'espère, ne paraîtront pas trop audacieuses.

La première ligne de fracture entre les deux paradigmes, l'« ancien » et le « nouveau » nous transborde d'emblée dans l'œil du cyclone, au nœud même de notre sujet, puisqu'elle concerne la science elle-même et son rapport à la vérité.

1. Science et vérité

C'est scientifique, donc c'est vrai ! Évidence communément admise. « Science » et « vérité » s'accordent et font rime parfaite. Dans la pratique du discours ordinaire, opposer la preuve scientifique à un contradicteur est le moyen le plus efficace de saper son arrogance. Or, l'épistémologie (du grec : « *épistémé* » = connaissance), c'est-à-dire l'étude des mécanismes qui nous permettent de penser, nous adresse aujourd'hui une invitation pressante. Elle nous demande de nous départir de cette croyance ordinaire, héritée du positivisme classique, selon laquelle la science nous offrirait un accès unique et incontestable à la vérité des choses, à l'intimité du monde. Cette désolidarisation des deux notions jusqu'ici confondues - science et vérité - nous la devons d'abord à Karl POPPER[3].

Contrairement à l'idée du sens commun, dit K.POPPER, une théorie scientifique n'est nullement une description des lois de la nature. Elle ne nous dit pas ce que sont les choses ni pourquoi elles adviennent. Au mieux, nous explique-t-elle comment elles apparaissent (leurs conditions d'émergence) et dans quel sens elles peuvent changer (leurs lois d'évolution). U**ne théorie scientifique est une construction intellectuelle, donc artificielle[4], que l'esprit humain applique aux données d'observation et d'expérience pour en rendre compte de façon rationnelle.** Elle prépare le champ à observer en ciblant les paramètres utiles, en ajustant les angles adéquats. Ce faisant, elle permet à l'homme de science de se représenter un pan du réel sans toutefois prétendre en épuiser toutes les dimensions. Elle ne permet pas de tout voir, mais de mieux voir ce que l'on regarde. Comme une paire de jumelles, elle limite le champ d'observation, mais permet de détailler ce qu'elle a préalablement isolé. Dès lors, une théorie scientifique s'évalue, non pas à l'aune d'un critère de vérité mais à l'aune de critères de pertinence et de réfutabilité. Autrement dit, la question n'est pas de savoir si elle est vraie (car son lien avec la vérité est indécidable a priori), mais de savoir si elle est réfutable, c'est-à-dire susceptible d'être contestée.

Aux États-Unis, des philosophes appartenant au courant pragmatiste (J.DEWEY, D.DAVIDSON, R.RORTY) creusent plus profondément encore cette ligne de rupture avec la conception classique et élargissent l'écart. Pour Richard RORTY, l'homme doit renoncer à l'idée qu'il puisse y avoir des réponses objectivement vraies ou fausses aux questions

---

[3] K.POPPER, **La logique de la découverte scientifique,** Payot, Paris 1973
[4] Étymologiquement, artificiel = fait avec art !

qu'il se pose. La question n'est d'ailleurs pas de savoir si une théorie est vraie, ni même, comme le prétend POPPER, si elle est réfutable. Il faut seulement se demander si elle est utile au regard de notre dessein, des buts que nous poursuivons dans l'action. La vérité n'est pas ce qui est le plus proche d'une essence des choses à contempler, mais ce qui est le plus favorable à la transformation du monde. Finalement, dira DAVIDSON, la vérité n'est pas un concept épistémique. La connaissance n'a rien à faire des notions de « vérité » ou de « réfutabilité ». Elle puise sa légitimité dans son utilité pratique, c'est-à-dire dans son pouvoir transformateur.

Certes, cette position extrême qu'aurait sans doute apprécié Karl MARX (l'homme, selon lui, n'est pas destiné à contempler le monde mais à le transformer) soulève questions. Elle réduit l'intérêt d'une théorie à son utilité pratique. Elle dénote de belles accointances avec l'utilitarisme américain, avec ce qu'Alain TOURAINE nomme la « rationalité instrumentale » c'est-à-dire la mentalité productiviste-économiste où la quête de l'utile tente de suppléer à la déliquescence du sens. De son côté, Jean Claude GUILLEBAUD a montré en quoi elle débouche sur un relativisme aporétique, désarmant toute velléité de penser le monde (donc de philosopher), faisant la part belle aux hégémonies technico-scientifiques et aux logiques marchandes. Pourquoi et au nom de quoi faudrait-il résister aux logiques dominantes puisque toute forme de pensée n'est en définitive qu'une pseudo-évidence ? (sur ce point, MARX aurait moins apprécié !)

Toutefois - et c'est là l'intérêt par-delà l'outrance - cette position autorise un constat. D'un côté comme de l'autre de l'océan Atlantique, surgissent des invitations pressantes et explicites à nous départir de notre préjugé intellectuel le plus tenace, celui qui concerne le rapport d'évidence entre la théorie du monde et le monde lui-même, entre la carte et le paysage. Ce n'est plus parce qu'une chose est scientifiquement démontrée qu'elle est vraie.

Mais cette déconstruction du préjugé ne se limite pas au rapport entre science et vérité. Elle concerne aussi la logique (outil privilégié de la science) et son lien à la vérité. La suspicion légitime à l'endroit de l'outil logique n'est pas neuve. Les Grecs de l'Antiquité avaient déjà perçu qu'un raisonnement parfait pouvait aboutir à des absurdités parfaites. On se souviendra des paradoxes, paralogismes, sophismes et autres syllogismes abscons mis à jour par la pensée antique (du genre : un cheval bon marché est rare, or ce qui est rare est cher, donc un cheval bon marché est cher). Mais il faudra attendre le vingtième siècle pour assister à la subversion radicale des constructions logiciennes. L'idée selon laquelle les systèmes logiques que nous construisons pour comprendre le monde se suffiraient à eux-mêmes sera battue en brèche par Kurt GÖDEL en 1931, puis par le groupe TARSKI en 1972. Ces mathématiciens et logiciens indiquent qu'il est impossible de démontrer la pertinence d'un système logique au départ des données du système lui-même. Il n'existe dans l'espace théorique, aucune construction, aucun modèle, qui soit autosuffisant au point de supporter en lui-même l'incontestabilité de sa propre preuve. Autrement dit, **il est impossible de démontrer une théorie en prenant appui sur les éléments de cette théorie** (théorème de Gödel). La connaissance est, dans son principe même, inachevée, inachevable. La vérité est toujours affaire de choix (de choix de perspective, de modèle, d'angle de vue). Ce postulat implique qu'il n'y a pas de vérité dernière, universelle, totale ou que, si celle-ci existe, elle demeure foncièrement inconnaissable. Nous y reviendrons.

Si la science moderne, dans sa démarche d'investigation, se donne à évaluer sous un nouveau jour, ce qu'elle nous révèle du monde grâce à cette démarche, n'en finit pas d'étonner. En prenant appui sur la microphysique (physique des particules élémentaires), nous allons passer en revue quelques-unes de ces facettes insoupçonnées de la nature qui opposent un démenti formel à la représentation classique ou, à tout le moins, en désignent les insuffisances les plus flagrantes.

2. La matière : grand plein... ou grand vide ?

Lorsqu'on descend dans l'échelle microscopique, c'est-à-dire lorsqu'on explore l'infiniment petit, une surprise embusquée nous y attend de pied ferme. On y rencontre de moins en moins de matière et de plus en plus d'énergie, de moins en moins de « plein » (de substance) et de plus en plus de « vide ». L'atome, longtemps identifié comme la « brique élémentaire de matière » est constitué d'une multitude de particules (particules subatomiques). Ces particules ont une masse très petite par rapport au volume général de l'atome, si bien que l'univers atomique apparaît surtout comme un grand vide inter-particulaire. Pour fixer les idées : la masse d'un électron est environ 2000 fois plus petite que celle d'un atome d'hydrogène. Et le noyau n'occupe qu'un dix millième du volume de l'atome. En outre, si on prend la peine d'observer de plus près cet électron (petit « grain » de matière gravitant autour du noyau), on s'aperçoit qu'il est doté d'une étrange propriété. Tantôt il ressemble à un point matériel qui se déplace à la façon d'une bille sur le plan horizontal d'un billard. Tantôt il ressemble à une vague qui se propage dans l'espace. Dans le premier cas, on parle de « corpuscule », dans le second, d'« onde ». Mais ce n'est pas tout. Car l'électron n'est pas l'un OU l'autre, il est l'un ET l'autre. Il participe véritablement d'une double nature. Sous son aspect corpusculaire, sa masse est si faible qu'elle échappe aux lois de la physique classique. Sa taille, comme on l'a vu, est infiniment petite au regard de celle de l'atome. Regardée « à l'envers », c'est-à-dire sous son aspect ondulatoire, la particule perd ses propriétés de solidité et de densité. Elle devient « rayonnement », c'est-à-dire flux d'énergie.

Au niveau subatomique, nous observons donc deux phénomènes importants.

- D'une part, **la matière prend des formes contradictoires** (onde-rayonnement et corpuscule ponctuel) **sans que ces formes ne s'excluent mutuellement** (l'électron est simultanément l'un ET l'autre). Cette propriété dément le sacro-saint principe du tiers-exclu, cher à la science classique. En clair : une chose peut être elle-même et son contraire !

- En conséquence, il nous est possible de nous représenter l'univers soit comme un « grand vide » peuplé de « petits pleins » corpusculaires, soit comme un **immense « plein » vibratoire** (énergétique) rempli de « petits vides » atomiques (puisque la matière, au sens strict, n'occupe qu'une infime partie du volume de l'atome).

Ces deux visions sont également pertinentes. Elles procèdent d'un choix, d'un choix d'angle de vue.

3. La particule : être ou événement ?

Après avoir examiné l'électron ou « grain » de matière tournoyant autour de l'atome, intéressons-nous à une autre famille de particules, les photons ou « grains » de lumière. Si l'on observe conjointement ces deux éléments, on assiste à un étonnant ballet. Lorsqu'un photon entre en collision avec un électron, il lui communique une part de son énergie et le chasse (effet Compton). Lorsqu'une particule de matière rencontre son antiparticule (par exemple, lorsqu'un électron rencontre un positron), elles s'annihilent mutuellement et se transforment en photon, c'est-à-dire en lumière. En outre, au-delà d'un certain seuil d'énergie, un photon est capable de créer une paire particule/antiparticule. Ce **rapport mutuel de création/annihilation** entre électrons et photons (soit entre matière et lumière), au départ pressenti par la théorie physique, est aujourd'hui observé en laboratoire.

Mais cette observation révèle une autre surprise. Lorsqu'un atome émet ou absorbe un photon, un électron change de place et saute sur une autre orbite que celle qu'il occupait antérieurement. Ces sauts d'électron ne s'effectuent pas n'importe comment. Ils obéissent à des lois très strictes. Seuls certains mouvements sont autorisés, ceux qui sont mathématiquement définis par des nombres entiers (appelés « nombres quantiques »). Cela signifie concrètement que **les échanges d'énergie entre matière et rayonnement s'effectuent non d'une manière continue** (comme le passage du jour à la nuit), **mais bien de manière discontinue ou « discrète »** (comme une progression sur les marches d'un escalier), c'est-à-dire par « quanta ». C'est pour cette raison que l'étude de ces phénomènes est regroupée sous le vocable de « physique quantique ».

Ce qu'il importe de retenir de tout ceci, c'est que la physique quantique confirme et affine les conclusions des recherches antérieures d'A.EINSTEIN sur la relativité et l'équivalence entre la « masse » et l'« énergie » (exprimée par la célèbre formule $E = mc^2$). La densité de la matière n'est qu'apparence macroscopique. **La matière est une localisation de l'énergie**, soit une tendance propre à celle-ci à se maintenir à un certain niveau d'expression vibratoire. **L'électron,** contrairement à la représentation classique, n'est pas une « chose qui existe quelque part » (un grain de matière strictement localisable dans l'espace), mais bien une **tendance de l'énergie à se matérialiser localement**. Il n'est donc plus possible de déterminer sa trajectoire, son déplacement d'un point à un autre, mais seulement d'exprimer par une fonction mathématique (appelée « fonction d'onde ») la **probabilité de**

le trouver à un endroit donné de l'espace. C'est donc à une toute autre vision de la matière et de l'univers que nous invite la nouvelle physique. Son formalisme mathématique et son aspect probabiliste nous éloigne irrémédiablement de la représentation intuitive du réel à laquelle nous avait habitués Y.NEWTON. Elle nous oblige à penser le monde non plus en termes d'« **être** » (physique), mais en termes d'« **événement** ». D'une certaine manière, les choses-ne-sont-pas, elles adviennent et leur advenue ne peut être approchée que par calcul des probabilités. En outre, l'étrange ballet de l'électron et du photon donne à penser que **matière et lumière** loin d'être des phénomènes étrangers l'un à l'autre, seraient, en définitive, **deux aspects différents d'une réalité unique.**

4. Objet - sujet... une étreinte ambiguë !

Dépassée donc la vision d'un univers monolithique et unidimensionnel ! Loin d'être fait d'un seul bloc, construit tout d'une pièce, le monde ressemblerait plutôt à un édifice étagé où chaque palier serait soumis à ses propres règles de circulation interne. Traduction en termes épistémologiques : **les lois qui régissent les phénomènes sont spécifiques à chaque niveau du réel et ne peuvent être impunément transposées d'un niveau à un autre**. Les instruments logiques qui permettent de comprendre ce qui se passe à un endroit de l'étagement peuvent s'avérer inopérants, voire aporétiques (conduisant à l'impasse), ailleurs. Une théorie est donc d'autant plus suspecte qu'elle est totalisante c'est-à-dire qu'elle prétend rendre compte de la totalité de ce qui existe. Examinons cela de plus près.

L'univers s'organise en trois niveaux.

Le premier est celui de l'immensité galactique. Il correspond aux mouvements des astres et des planètes dans le ciel. C'est l'« infiniment grand » ou **univers macroscopique**.

Le second niveau nous est plus familier. Ce sont les phénomènes qui se déroulent à notre échelle, à échelle humaine. Ils concernent les **corps terrestres** et sont enseignés dans nos manuels de physique d'Humanités.

Enfin, le troisième niveau est celui de l'« infiniment petit », soit **l'univers microscopique**. C'est à cet « étage » que se meuvent les particules élémentaires de matière, pour autant qu'on puisse encore les appeler ainsi.

Or, lorsqu'on ausculte ces trois niveaux de la hiérarchie du monde, on constate que les théories et modèles pertinents à l'un des étages sont insuffisants à l'étage « supérieur » ou « inférieur » et doivent, dès lors, se voir intégrés dans une théorie ou un modèle plus général. Ainsi, par exemple, la physique de NEWTON permet une compréhension satisfaisante des phénomènes qui se déroulent à notre échelle (c'est-à-dire à grandeur moyenne et vitesse faible), mais devient impropre à l'explication de phénomènes microscopiques et particulièrement des mouvements de particules se déplaçant à des vitesses proches de celle de la lumière (300.000 Km/Sec considérée comme vitesse limite).

De plus, l'investigation scientifique ne s'y déroule pas dans des conditions identiques. Ainsi, lorsque le physicien mesure des masses ou détermine des trajectoires dans l'univers-à-notre-échelle, il met en œuvre des dispositifs expérimentaux qui interfèrent peu dans le déroulement du phénomène. Si elle est bien réglée, la balance m'indique mon poids, sans contestation possible. L'appareil qui mesure la masse d'un corps inerte ne modifie pas cette masse. Celui qui définit la trajectoire de ce même corps en mouvement rectiligne uniforme ne perturbe pas cette trajectoire. Autrement dit, l'observateur demeure extérieur au phénomène observé et cette position d'extériorité, de neutralité, garantit l'exactitude de ses conclusions. Mais au niveau de l'infiniment petit, il n'en va pas de même. Pour voir un électron qui se déplace dans une portion d'espace, il faut l'éclairer, c'est-à-dire... le bombarder de photons (« particules » de lumière). Or, on l'a vu, l'électron n'est pas indifférent à la présence du photon. Cela signifie donc qu'à cet étage de l'édifice matériel, il n'est plus possible d'observer un phénomène dans une attitude de parfaite extériorité. **Il n'est pas possible d'étudier un processus sans interférer d'une manière ou d'une autre dans son déroulement.**

À cette distorsion introduite dans l'observation par l'appareil de mesure ou le dispositif expérimental (distorsion opératoire), s'en ajoute une autre. Contrairement à l'affirmation du sens commun, l'observateur scientifique n'est jamais neutre. Il ne peut se prévaloir d'une virginité absolue du regard. Pourquoi ? D'abord, parce qu'il aborde son objet d'étude au moyen d'outils conceptuels, de modèles de représentation, d'opérations logiques, mais aussi de présupposés (de préjugés !) dont il n'a pas toujours conscience (rappelons-nous la définition du paradigme comme « souverain souterrain »). Il appartient à une époque, à une culture, et celles-ci déterminent subrepticement sa vision du réel. En outre, il n'est pas plus immunisé que n'importe qui à l'endroit des sollicitations éthiques, des engouements philosophiques, des croyances métaphysiques. Autrement dit, l'observation scientifique met en œuvre une conscience observante, partie prenante dans le déroulement du phénomène microphysique observé[5]. Aux distorsions opératoires liées aux instruments utilisés s'adjoignent donc des

---

[5] Entre ce constat et son extrapolation « spiritualiste » selon laquelle l'Esprit générerait la matière, il y a un pas... que certains n'hésitent pas à franchir (cfr **Science et Conscience - annales du Colloque de Cordoue,** Stock, Paris 1980)

distorsions logico-conceptuelles liées au fonctionnement de l'esprit du chercheur.

Est-ce à dire qu'au niveau de l'infiniment petit, l'objectivité est devenue une notion obsolète, un idéal dépassé ? Certes, non ! Seulement, elle n'est plus une évidence a priori, un donné préalable. Elle se problématise et oblige l'intellectuel à reconvertir sa vision de la relation objet-sujet. Connaître l'objet, c'est, d'une façon ou d'une autre, « naître avec » lui. Cette co-naissance, comme l'indique Edgar MORIN, remet en cause l'organisation même de l'esprit humain. « Ce n'est pas l'objectivité qui s'enfuit lorsque le sujet revient, c'est l'objectivité qui s'approfondit dans sa racine subjective-objective »[6]. Nous voici plongé en plein paradoxe. Mais le paradoxe doit être placé au cœur de la pensée nouvelle puisqu'il semble habiter l'intimité du réel. Autant s'y accoutumer tout de suite.

5. Du déterminé à l'imprévisible

La science contemporaine, nous le constatons, sape toute une série d'illusions confortables qui prospéraient dans le sillage du positivisme classique. Ainsi, plus on descend dans la structure intime de la matière, moins on trouve de matière et plus on rencontre d'« êtres » immatériels de nature énergétique (voire mathématique !). Ce renversement de perspective n'est pas sans incidence pratique puisqu'il invalide une des ambitions les plus tenaces de la physique, l'ambition de découvrir un jour l'élément constitutif premier de l'univers matériel. En outre, il n'est plus possible de déterminer avec précision la position et la trajectoire d'une particule, mais

---

[6] E.MORIN, **La Méthode Tome 2 : la vie de la vie,** Seuil, Paris 1980 p.298 et **La Méthode Tome 4 : Les idées...**, Seuil, Paris 1991.

seulement d'en définir la probabilité d'occurrence à un endroit donné de l'espace. Enfin, (fait établi et sur lequel nous reviendrons) les particules peuvent agir à distance les unes sur les autres et interagir sans qu'il soit possible de subsumer une relation de causalité entre elles. Ces observations démentent l'idée selon laquelle on peut localiser strictement une particule dans l'espace et l'idée subséquente que celle-ci représente une entité ponctuelle dont on peut prévoir à l'avance le comportement. Nous sommes donc à cent lieues du déterminisme de la physique newtonienne (où l'avenir pouvait être prédit à partir du présent). Il semblerait que les objets microphysiques soient dotés d'une marge de liberté ou, pour éviter tout anthropomorphisme, d'une marge de manœuvre qui rende leur comportement non prédictible. Sur foi de cela, certains n'hésitent pas à affirmer que tout se passe à ce niveau d'existence comme s'il y avait au cœur de la matière quelque chose qui ressemblerait à de l'« esprit ». Nous pouvons admettre cette assertion pour autant qu'elle soit lestée des précautions de langage, soit l'usage des guillemets et la locution métaphorique « tout se passe comme si ».

Cette impossibilité à localiser strictement une particule et à en déterminer précisément la trajectoire amène les physiciens à reconsidérer non seulement la vision de la particule mais également celle de l'espace dans lequel elle se meut. Depuis EINSTEIN, la représentation intuitive de l'espace (espace à trois dimensions) est abandonnée au profit d'un espace plus complexe, un espace à quatre dimensions : les trois dimensions habituelles de la géométrie euclidienne, auxquelles s'ajoute le temps. Les objets se meuvent et interagissent à l'intérieur d'un « continuum espace-temps » qu'il est malaisé de se représenter visuellement, mais qui n'en constitue pas moins le cadre de référence où s'inscrit la vie du monde. Dans ce continuum espace-temps, les relations entre les objets se nouent et se dénouent selon des règles nouvelles. Ainsi, par exemple, les mêmes causes n'engendrent pas nécessairement les mêmes effets. En outre, si une cause A produit un effet B, l'effet B rétroagit sur la cause A et en modifie les propriétés. Le lien de causalité n'est plus « linéaire » comme dans la vision classique, mais « circulaire ». Il forme une boucle où la « case arrivée » renvoie à la « case départ ». Enfin, une cause strictement locale peut, dans certaines conditions, engendrer des effets globaux (des « catastrophes » au sens de René THOM[7], c'est-à-dire des changements discontinus qui s'effectuent par sauts. L'évolution des phénomènes, leurs changements d'état, contient donc une part irréductible d'incertitude et d'indétermination. Obligée bon gré mal gré de tourner le dos à ses obsessions séculaires de localisation et de prédiction, **la science d'aujourd'hui doit s'accommoder du non localisable et de l'imprévisible.**

6. De l'ordre établi... au désordre ennobli !

Il est possible d'obtenir, grâce à un rayon Laser, une image à trois dimensions dotée d'une curieuse propriété, celle de reconstituer l'intégralité de l'image d'un objet à partir d'un seul de ses éléments. Application optique de la théorie holographique de Dennis GABOR, cette image reconstituée s'appelle un « hologramme ». Un principe général s'en dégage : **le « tout » est contenu dans chacune des parties**. Cela veut dire que, dans un système donné, c'est-à-dire dans un ensemble d'éléments interdépendants constituant un tout,

---

[7] La théorie des catastrophes est un modèle mathématique qui permet de rendre compte de l'émergence de phénomènes discontinus à partir de processus continus. Voir à ce sujet : A.BOUTOT, **L'invention des formes,** O.Jacob, Paris 1993 et E.C.ZEEMAN, **Introduction à la théorie des catastrophes et à ses applications en psychiatrie et en psychologie,** in Actualités Psychiatriques N° 9, 1985, p.11 à 39.

ce tout est plus que la simple somme des parties et qu'inversement, chacune des parties reflète à sa manière (contient ?) le tout[8]. Ainsi, par exemple, une société est plus que la somme des individus qui la composent et chaque individu particulier reflète et contient la société dont il a intériorisé la culture. Appliquée à l'univers, cette vision dite « holistique » (en grec : « *holon* » = globalité) fait apparaître tout ce qui existe comme un **tissu dynamique d'éléments interdépendants** où, d'une certaine manière, aucun élément ne peut advenir à l'existence sans l'« assentiment » de ce qui s'y trouve déjà[9]. Dans ce réseau arborescent et buissonnant où tout s'interpénètre, le terme « événement », nous l'avons vu, est appelé à remplacer le terme « élément ». Simple jeu de mot ? Substitution sémantique de pure forme ? Non ! Conversion radicale du regard. Poser l'événement comme fondement du monde, c'est abandonner l'idée confortable selon laquelle les choses sont dotées de densité, de stabilité et de permanence et admettre que tout ce qui est, apparaît, fluctue, se transforme et disparaît. Le monde ainsi révélé est un monde radicalement différent du monde décrit par la science et la philosophie classique. C'est un monde de « processus » et de « systèmes » inféodés à l'avènement, la fluctuation, la turbulence, l'instabilité. En un mot, c'est un monde historique (l'univers a une histoire dont l'origine remonte à plus ou moins quinze milliards d'années). Est-ce pour autant un monde désespérément soumis à l'entropie, à la dégradation, à la mort ? Non ! Car c'est précisément dans leur instabilité que les choses puisent leur capacité à évoluer, c'est-à-dire leur infinie richesse et leur fécondité. Si l'état d'équilibre fut longtemps considéré comme critère de normalité des systèmes physiques et vivants, si la force homéostatique (celle qui maintient l'équilibre interne du système par réduction des tensions entre ses éléments) était

[8] Selon la première loi de la Théorie Générale des Systèmes.

[9] Allusion à la théorie du « Bootstrap » sur laquelle nous reviendrons.

auréolée d'un statut d'excellence et parée des vertus essentielles, on sait aujourd'hui que les choses ne sont pas si simples. Qu'ils soient physiques ou biologiques, psychologiques ou sociaux, **les systèmes n'évoluent pas nécessairement vers l'état d'équilibre, mais s'avèrent parfaitement capables de reconstituer un nouvel équilibre plus complexe et donc plus riche que l'ancien**. Autrement dit, le déséquilibre, l'instabilité et l'ouverture du système ne conduisent pas automatiquement à sa dégénérescence et à sa mort. La loi d'entropie perd son monopole. Désordres et dysfonctionnements ne produisent pas toujours la désintégration et le néant. C'est au contraire dans le désordre et l'instabilité (le bruit et la fureur) que se fomentent des ordres nouveaux et plus féconds. C'est le mérite du chimiste belge Ilya PRIGOGINE d'avoir montré qu'il en était ainsi au niveau des systèmes élémentaires de l'univers microphysique. Nous y reviendrons également. Retenons pour l'heure que l'étude de la matière inorganique et de la matière vivante laisse apparaître un nouveau paradoxe : **l'ordre naît du désordre et le désordre**, dans certaines conditions, **est innovant, créateur**, c'est-à-dire promoteur d'un ordre plus complexe et plus riche.

Nous venons d'effectuer un survol de reconnaissance au-dessus du paysage nouveau que dévoile la science contemporaine. Ce survol nous a permis, en première approche, de repérer les principales lignes de fractures qui parcourent le champ de la connaissance et l'ébranlent de part en part. Il nous est loisible, à présent, de réduire l'altitude, d'observer de plus près les ravinements qui contrastent le relief ainsi reconnu et nous mettre en recherche des voies de convergence entre science de la nature et connaissance de l'homme. Sans porter atteinte à la spécificité des disciplines (les sciences de la nature et les sciences de l'homme ne sont pas réductibles les unes aux autres), il s'agira d'assouplir leur cloisonnement de manière à y laisser affleurer des correspondances parfois déroutantes.

CHAPITRE 2.

L'EVENEMENT COMME FONDEMENT DE L'UNIVERS : DE LA STABILITE DES OBJETS A LA PRECARITE DES SITUATIONS

Il est de la psychologie complexe comme de la physique nucléaire : le phénomène n'y est pas indépendant de l'observateur. Celui-ci est impliqué ; il doit épouser la réalité observée, y adhérer, faire un avec elle....

C'est là une loi universelle de l'aventure intérieure : on ne peut donner que ce que l'on a, on ne peut aider les autres à devenir que ce que l'on est devenu soi-même... L'être agit par simple présence, comme le soleil. »

(E. PERROT, La voie de la transformation.)

Après ce survol général, je me propose d'approfondir les différentes lignes de fractures évoquées et d'y prendre appui pour soumettre à discussion certaines évidences usuelles des sciences de l'homme. Sans mettre à mal la spécificité des deux domaines, rien n'interdit d'établir des parallèles obliques et des liaisons latérales entre l'évolution de la théorie physique et celle des sciences humaines. En filigrane la question : le « nouveau » paradigme a-t-il quelque chose à dire au psychologue sur les lunettes qu'il porte et d'une façon générale, ne nous invite-t-il pas, tous et toutes, psychologues ou non, à changer notre regard sur nous-mêmes ?

Chaque chapitre débutera par un paragraphe introductif exposant quelques découvertes physiques essentielles. Il développera ensuite les questions que ces découvertes surprenantes introduisent dans la connaissance de l'humain et les pratiques qui en découlent, mais aussi dans le rapport de l'homme postmoderne à lui-même et au monde.

Les insertions en petits caractères apportent des précisions à l'intention des esprits curieux. Leur lecture n'est pas indispensable à la compréhension générale du texte.

1. Une matière non substantielle ?

L'atome, constituant de la matière que DÉMOCRITE (IVs.AC) pensait insécable, indivisible, constitue en fait un micro-univers extrêmement complexe, formé d'éléments longtemps insoupçonnés (particules subatomiques) que la physique aujourd'hui met à jour et dont elle révèle le comportement surprenant. Ainsi, on l'a vu, l'électron présente une identité trouble. Il se conduit comme un corpuscule (c'est-à-dire comme un grain de matière se déplaçant dans l'espace) lorsqu'il se meut dans un champ électrique ou magnétique. En revanche, il se comporte comme « onde » (c'est-à-dire comme une vague qui se propage) quand il est diffracté par un cristal, c'est-à-dire dévié de sa propagation rectiligne. Il peut donc être regardé sous deux angles et selon l'angle choisi apparaître sous un jour différent. Vu comme corpuscule, il possède un diamètre très petit par rapport à l'espace qui le sépare de ses congénères. Sous cet angle, la matière ressemble donc à la ronde endiablée des électrons, soit un « grand vide » peuplé de « petits pleins » en mouvement. Sa densité macroscopique apparente cache une vacuité microscopique vertigineuse, puisque le vide occupe la plus grande partie de son espace.

Les trajectoires de ces particules ne pouvant être décrites par les lois de la mécanique classique dont la zone de pertinence se limite aux vitesses faibles, il faudra recourir à un autre modèle descriptif et explicatif : le formalisme mathématique de la mécanique quantique.

La mécanique quantique rend compte de l'échange d'énergie qui s'effectue entre matière (corpuscules) et rayonnement (ondes). Elle opère donc la jonction entre vision corpusculaire et vision ondulatoire. Elle indique aussi que ces échanges s'effectuent non de manière continue, mais de manière discontinue, discrète, c'est-à-dire par « quanta ». Il en résulte ceci : **la matière peut être définie comme une localisation d'énergie, une tendance de celle-ci à se maintenir à un certain niveau d'expression vibratoire**. Mais cette « tendance » à exister localement ne peut s'exprimer qu'en termes probabilistes, c'est-à-dire en termes de prévision. La probabilité de trouver une particule à un endroit donné de l'espace est définie par une équation mathématique introduite par E.SCHRÖDINGER : la « fonction d'onde ».

À la fin du 19e siècle, la lumière était considérée comme un phénomène ondulatoire, résultat de la vibration d'un champ électromagnétique se propageant à vitesse constante de 300.000 km/sec. dans le vide.

L'onde est caractérisée par une « longueur d'onde » (λ) (distance entre chaque « crête » de l'onde) et une fréquence (V) (nombre de vibrations par seconde).

En 1900, PLANCK postule que toute manifestation énergétique est discontinue, faite de petites quantités de « quanta ».

Ceux-ci ne peuvent prendre comme valeur qu'un multiple entier d'une limite hv où « h » est une constante (valeur arithmétique) et « v », une fréquence (réalité ondulatoire). La formule « hv » comporte donc une conjonction contradictoire de « continu » et de « discontinu » qui caractérise le « quantum ».

En 1905, Einstein oppose à ce modèle « ondulatoire » un modèle « corpusculaire » : la lumière est un flux de photons (grains d'énergie lumineuse) se déplaçant à la vitesse de 300.000 km/sec. Il possède une énergie (E) dépendant directement de la fréquence (ν) selon la formule : $E = h\nu$, où « h » est une constante (constante de Planck = 6,61. 10^{-37} joules/seconde) et où "$h\nu$" est un "quantum". Le quantum est donc une propriété du photon. Les deux aspects "corpusculaire" et "ondulatoire" sont complémentaires et rendent compte du phénomène lumineux.

Par la suite, avec L. de Broglie, la théorie quantique fut appliquée à la mécanique de l'électron. L'électron, lui aussi, se comporte tantôt comme une onde, tantôt comme une particule matérielle. Entre l'onde et la particule se noue un lien flou, exprimable en termes de probabilité. Si un photon entre en collision avec un électron, il lui communique une partie de son énergie et le chasse (effet Compton). Lorsqu'une particule rencontre son antiparticule, elles s'annihilent mutuellement et se transforment en lumière. Au-delà d'un certain seuil d'énergie, un photon est capable de créer une paire particule/antiparticule.

Ce rapport mutuel de création/annihilation entre particule et photon (entre matière et lumière) au départ pressenti est, aujourd'hui, observé. On constate que les échanges d'énergie entre matière et rayonnement s'effectuent non de manière continue, mais de manière discrète. Lorsqu'un atome émet ou absorbe un photon, il y a saut d'électron d'un orbite sur l'autre. Les mouvements permis d'électrons sont caractérisés par des nombres entiers dits : "nombres quantiques" (Atome de Bohr). L. de Broglie, W. Heisenberg et E. Schrödinger quantifièrent, par la suite, le lien onde/corpuscule. L'expression mathématique et probabiliste de ce lien dote la physique quantique de son caractère propre, si différent de celui de la physique newtonienne.

En réalité, la fonction d'onde (Ψ), introduite en 1926 dans l'équation d'onde de SCHRÖDINGER, est un pur objet mathématique dénué de toute signification physique. Toutefois $(\Psi)^2$ exprime la façon dont la probabilité de trouver une particule varie d'un endroit de l'espace à un autre.

De toute évidence, l'introduction par la mécanique ondulatoire des concepts de « quanta » et de « fonction d'onde » relève d'une véritable révolution intellectuelle. Avec la notion de « quantum », tout se passe comme si le nombre devenait un attribut du réel, comme s'il niait la substantialité de celui-ci, son caractère dense, matériel, tangible. Du même coup, **il invalide l'aspiration séculaire de la physique à découvrir un « soubassement » à la matière**, une « brique élémentaire », un constituant ultime. La particule subatomique n'est pas une chose, un objet physique au sens habituel du terme, mais bien un ÉVÉNEMENT/AVÈNEMENT dont on ne peut que déterminer la probabilité d'occurrence dans un espace donné. La philosophie, faut-il le souligner, avait déjà pressenti la chose. Au dix-neuvième siècle, F.NIETZSCHE définissait le monde comme cet « absolu flux de l'événement » qui régit la mécanique des choses. Quant à A.N.WHITEHEAD, il décrit la nature, non comme un lot d'éléments, mais comme des événements qui s'enchaînent et s'enchâssent pour constituer des processus évolutifs.

Question : en quoi l'obsolescence de la logique classique en physique, intéresse-t-il le psychologue ? Plus généralement, en quoi l'évolution des idées sur la structure de la matière peut-elle concerner notre propre « matière » psychique et sa mystérieuse psycho-logique ? Le physicien-philosophe hongrois Stéphane LUPASCO répond à cette question. Il est de plus en plus difficile « d'appréhender l'univers psychologique avec tout un arsenal d'instruments conceptuels commandés par la logique classique. Il nous faut repenser la psychologie, à la fois dans la structure de son objet, des faits soumis à son investigation et de sa logique opératoire »[1].

En ce qui me concerne, je ne prétendrai pas repenser la psychologie mais, plus modestement, accepter le risque de cette invitation en suggérant les réflexions qu'elle m'inspire.

---

[1] Allusion à la théorie du « Bootstrap » sur laquelle nous reviendrons.

2. Une psyché (am) bivalente.

Si le double aspect particulaire et ondulatoire de la matière-énergie nous invite à nous concilier la structure paradoxale du monde, ce nécessaire accommodement concerne aussi le monde de la psyché. C'est bien d'une nouvelle intelligence des choses qu'il s'agit, intelligence qui doit nous permettre de saisir l'aspect contradictoire des événements soit, en matière psychique, d'appréhender les phénomènes dans leur caractère éminemment bivalent.

Une des bivalences psychologiques les plus facilement saisissables par l'expérience immédiate concerne deux aspects généralement dissociés de notre vie psychique : l'intellect et l'affect, la cognition (activité de la pensée) et la conation (les sentiments, motivations, désirs, pulsions). Cette dissociation n'est pas récente, puisque Platon déjà, dans l'antiquité, opposait « raison » et « passion ». Indifférente au scepticisme de quelques penseurs isolés, elle s'affirmera de manière récurrente au cours des siècles jusqu'à nos jours. Elle constitue d'ailleurs un des fondements de la tragédie classique où s'affrontent des personnages pathétiquement tiraillés entre ce que leur commande la puissance de l'amour et ce que leur enjoint le devoir ou la raison. Dans les années soixante le psychologue suisse Jean PIAGET y introduit une brèche. Cette brèche est d'autant plus notable qu'elle est l'œuvre d'un expérimentaliste faisant autorité dans le monde scientifique. Au-delà de l'évidence première, les deux versants cognitif et affectif de la psyché sont indissociables. Utilisant une analogie avec le monde physique, il assimile le premier (versant intellectuel) à la « structuration », soit à l'aspect corpusculaire/discret de la conduite et le second (versant affectif) à l'« énergétique » du comportement", soit son aspect ondulatoire/continu (PIAGET/INHELDER (1966). On imagine mal une conduite humaine qui serait intellection pure, c'est-à-dire une production de l'esprit exempte de toute coloration affective, de tout contenu pulsionnel, motivationnel. Inversement, le désir ou l'une émotion n'est jamais soit vierge de toute cognition. Enseignants et pédagogues conviendront que l'exercice de l'intelligence, jusque dans ses déploiements les plus abstraits, est toujours empreint de subjectivité. Désir et fantasme en constituent les soutènements secrets. Sentiment et motivation l'orientent et lui impriment une direction, c'est-à-dire un sens. C'est pour cette raison que ceux qui réussissent le mieux ne sont pas nécessairement les plus intelligents mais les plus motivés, ceux qui entretiennent le « feu sacré », celui de la passion. (On parlerait aujourd'hui, à la suite de Daniel GOLEMAN, d' » intelligence émotionnelle »). C'est ce qui rend la pédagogie étrangère à tout formalisme absolu et l'acte d'enseigner réfractaire à toute mise en équation. On peut inverser la proposition. En accédant au langage et en étant médiatisé par lui, l'émotion ou le besoin prend pied dans l'univers de la verbalisation et du symbole. Les différents registres émotionnels (peur, joie, colère, tristesse) sont toujours saturés de cognitions, c'est-à-dire d'idées, de préjugés, de croyances, de rationalisations. Les « idées noires » attisent la tristesse. Lorsque j'ai peur, je ressens l'angoisse qui me tenaille mais, dans le même temps, des pensées me traversent l'esprit, pensées qui auront comme effet soit d'atténuer l'intensité de l'émotion, soit de l'exacerber. Puis, je mettrai des mots, des phrases, sur l'objet de ma peur et parfois la seule évocation du mot provoquera l'émotion. Toute affliction humaine est donc empreinte de cognitions. Ajoutons qu'il existe une logique du sentiment et du désir. L'un et l'autre fonctionne selon des lois mises à jour par la psychologie générale et la psychanalyse. Bref, on dira de façon laconique que le cœur a sa raison (même si la raison raisonnante se refuse souvent à l'entendre) et que la raison, dans sa pratique effective, n'est pas insensible à la pulsation du cœur.

Pourtant, si la psychologie prend de plus en plus en compte ce genre de bivalence et, du même coup, rompt avec les anciennes dissociations/disjonctions, elle n'en demeure pas moins attachée aux représentations héritées de l'ancien paradigme et notamment à l'idée que la sphère psychique repose, comme la sphère physique, sur un socle substantiel identifiable. Les sciences humaines, expliquent Joseph LALOUP et Louis DARMS, restent fortement inféodées au substantialisme/fondamentalisme, au moment même où les sciences de la nature s'en dégagent progressivement. « Depuis DESCARTES et NEWTON, les sciences de la nature s'engagèrent dans ce tunnel à la fois bénéfique et malfaisant. Entrée la première, la physique en sortit aussi la première, déclarant que le monde est dénué de “brique fondamentale”. De cette révolution intellectuelle de notre siècle, les autres sciences paraissent ne pas avoir tiré toute la leçon et les sciences humaines moins que les autres »[2].

Deux domaines de la psychologie échappent pourtant à cette sévérité du jugement, celui de la psychologie différentielle (étude des différences individuelles) et celui de la psychodynamique (étude des processus inconscients).

3. « Brique fondamentale »... « erreur fondamentale » !

« Trait de personnalité », « trait de caractère » ! Autant de notions du jargon psychologique passées avec armes et bagages dans le langage courant. Nous utilisons ces expressions lorsque nous parlons de nous-mêmes ou des autres. Elles nous permettent de comprendre certains comportements, d'expliquer certaines attitudes, de justifier

---

[2] L.DARMS/J.LALOUP, **Interstances : communiquer à contre-sens,** Cabay, Louvain-la-neuve, 1983 p.25.

certaines décisions. Cette notion de « trait » est intéressante pour l'historien des sciences humaines, car elle témoigne de cette obsession séculaire, non plus de la physique, mais de la psychologie, à identifier l'unité constitutive de la personnalité, l'élément fondateur.

La psychologie de la personnalité définit traditionnellement le « trait » comme une disposition latente et stable qui détermine la conduite d'un individu. Latente, c'est-à-dire souterraine et cachée ; stable, c'est-à-dire invariante et indépendante des contingences extérieures. Ainsi, on attribuera à quelqu'un le trait de « passivité », de « sensibilité » ou d'« introversion » sur base d'une observation des invariants de sa conduite. Si Monsieur Primo demeure habituellement sur son quant-à-soi lorsqu'il est en société, c'est parce qu'il est d'un « naturel introverti ». Si Mademoiselle Deusio prend rarement l'initiative lorsqu'elle partage les jeux de ses compagnes de classe, c'est parce qu'elle a une « nature passive ». Introversion et passivité tiendraient à la nature des sujets, elles leur seraient consubstantielles. L'opération logique sous-jacente consiste donc à analyser le comportement en le segmentant, c'est-à-dire en le réduisant à une ou plusieurs unités simples, dispositions internes élémentaires, considérées comme attributs permanents et explications finales de la conduite.

Dans un second temps, avec l'introduction des méthodes statistiques et notamment de l'analyse factorielle, la psychologie de la personnalité s'est orientée vers une définition plus abstraite du « trait ». Le trait devient un « facteur » isolable par analyse mathématique (un « quantum » psychique !), qui sature plus ou moins les situations de l'existence. Supposons un test destiné à déterminer le niveau d'anxiété. On fait l'hypothèse que l'anxiété est sous-tendue non par un facteur unique mais par une série de facteurs qu'on va tenter d'isoler. Ensuite on déterminera la responsabilité de chaque facteur dans la conduite anxieuse. S'il s'avère que le facteur « x » est le facteur dominant de la série chez la plupart des anxieux, on dira que l'anxiété est « saturée » en facteur « x ». Cet isomorphisme entre conception psychologique et modèle mathématique sera exploité par des auteurs comme J.P. GUILDFORD[3] et R.B. CATELL[4]. Ce dernier avait une formation de chimiste et entendait décomposer des « molécules » de comportements globaux en « atomes » de conduites élémentaires[5]. C'est dans cette perspective qu'il élabora son test à seize facteurs (le Catell 16 P-F). Quoi qu'il en soit, le présupposé de la démarche est identique. Défini factoriellement ou non, le trait demeure un composant ultime sur lequel reposent la cohérence et la persistance de la conduite observable.

Mais, au début des années dix-neuf-cent-soixante, un coup de tonnerre éclate dans le ciel serein des théories de la personnalité. Un spécialiste américain de la psychologie sociale, Stanley MILGRAM, publie les conclusions d'une expérience devenue célèbre sur la soumission à l'autorité. Cette expérience démontre ceci : une situation spécifique, en l'occurrence la subordination du sujet à une autorité morale dans un contexte contraignant, s'avère plus déterminante dans l'explication de son comportement que les dispositions personnelles qu'il s'attribue ou qu'on lui attribue (sensibilité,

---

[3] J.P.GUILDFORD, **New standards for test evaluation,** Educ.Psychol.Measurement 1946.

[4] R.B.CATELL, **La personnalité,** New-York, Mc Graw Hill 195O (trad.fr. PUF 1956)

[5] De tout temps, les psychologues ont été épris de modèles et d'algorithmes mathématiques. Ils ont aussi souvent puisé dans l'arsenal technologique de leur époque leurs formes de représentation. M.HUTEAU remarque avec à-propos : « Les psychologues se sont très fréquemment représentés le fonctionnement psychologique à l'aide des machines que les ingénieurs étaient alors capables de construire. Que l'on pense, par exemple, aux automates de Descartes et La Mettrie, à la machine à vapeur de Spearman et Freud, au central téléphonique de Catell et Lorenz... » (M.HUTEAU, **Les conceptions cognitives de la personnalité,** PUF Paris p.176 (note 6).

compassion, résistance à la pression morale...)[6]. Depuis la publication de ces conclusions confortées par des travaux ultérieurs réalisés dans d'autres pays, la psychologie sociale expérimentale dénonce l'ancienne vision « dispositionnelle » et n'hésite pas à parler à son propos d'« erreur fondamentale »[7]. Par cette dénonciation virulente, **elle nous invite à détrôner la préséance outrageuse du « trait » et à lui substituer une vision dite « situationnelle », vision qui met l'accent sur l'incidence des situations vécues par le sujet plutôt que sur ses prétendues dispositions personnelles**. Dans cette perspective, ce n'est plus le caractère (constellation de traits) qui serait le déterminant essentiel de la conduite, mais bien les conditions objectives dans lesquelles celle-ci se déploie. On abandonne une explication en termes de déterminations internes (traits de personnalité, c'est-à-dire dispositions individuelles) au profit d'une explication en termes de déterminations externes (facteurs liés au contexte).

Avec le recul du temps, la question aujourd'hui est la suivante : face à ces deux théories concurrentes qui polémiquent sur une préséance causale (primauté aux dispositions ou aux situations), s'agit-il de départager les protagonistes, de substituer une perspective à une autre, de remplacer un modèle explicatif par un autre modèle ? Ou s'agit-il, au contraire, de les conjoindre, de les prendre en compte l'un et l'autre ?

---

[6] Stanley MILGRAM (Yale 1962) a montré que, dans une proportion de 65 %, des individus pris au hasard étaient parfaitement capables d'infliger à leur semblable des chocs électriques puissants (éventuellement mortels) s'ils étaient soumis à l'influence d'une autorité (en l'occurrence, une autorité scientifique) et se voyaient dédouanés de la responsabilité de leurs actes. Ces conclusions ont été confirmées par une série d'expérimentations ultérieures notamment au japon et en Allemagne. Elles ont inspiré le film célèbre d'Henry VERNEUIL « I comme Icare ». (S.MILGRAM, **Soumission à l'autorité,** Calman-Lévy, Paris 1974.)

[7] J.P.LEYENS, **Psychologie Sociale,** Mardaga, Bruxelles 1981

Les prendre en compte l'un et l'autre, peut-être !

Mais qu'on ne s'y trompe guère ! Cette position conciliatrice ne clôt pas le débat. Elle nous renvoie à un nouveau choix, car elle peut résulter de deux opérations différentes.

On peut estimer que les options « dispositionnelle » et « situationnelle » sont deux visions irréductibles, mais également pertinentes (rappelons-nous : l'être microphysique est tout à la fois onde ou particule ; un damier, c'est un ensemble de carrés noirs sur fond blanc ou un ensemble de carrés blancs sur fond noir). Il s'agirait donc de deux points de vue susceptibles d'être adoptés successivement. C'est l'un OU l'autre. C'est parfois l'un, parfois l'autre. Mais on peut estimer aussi que le point de vue pertinent consiste à les prendre simultanément en compte l'un ET l'autre, c'est-à-dire à poser qu'en matière de causalité psychique, le déterminant n'est ni le trait ni le contexte, que la primauté ne revient ni aux dispositions internes, ni aux incidences externes... mais à l'interaction des deux.

« Interaction » !

Avec cette notion maîtresse, s'amorce un nouveau basculement épistémologique.

Comme souvent, c'est la neurobiologie qui donne le ton. Les théories classiques considéraient que l'adaptation de l'organisme à son environnement constituait sa condition princeps de survie et voyaient en cette adaptation obligée un processus unidirectionnel. D'un côté, un individu mis en demeure d'obéir aux paramètres de son milieu. De l'autre, un milieu stable et invariant, imposant unilatéralement sa loi. En opposition à cette vision linéaire, Francisco VARELA insiste sur la notion de réciprocité. L'incidence réciproque individu/milieu définit fonctionnellement le vivant. La vie est interaction circulaire entre un organisme et son alentour.

L'être s'adapte à son environnement, mais cette adaptation modifie celui-ci en retour. La notion d'ajustement mutuel se substitue à celle d'adaptation unilatérale. Il semble qu'aucune théorie psychologique ne puisse aujourd'hui faire l'économie de ce principe de circularité, de cette vision en boucle récursive. C'est dans une perspective interactionniste en tout cas que s'inscrivent les courants de recherches les plus récents et, sans doute, les plus prometteurs. Ils se situent au carrefour de la psychologie générale expérimentale, de la psychologie sociale et de la psychologie différentielle. Je pense aux théories « de l'apprentissage social » et à la plupart des théories cognitivistes. Examinons-les brièvement !

4. Comment apprenons-nous ?

La psychologie de l'apprentissage tente d'apporter réponse à la question : comment l'individu apprend-t-il ? Comment apprend-t-il non seulement de nouveaux savoirs mais aussi de nouvelles conduites ? Et aussi, pourquoi ses acquisitions comportementales perdurent-elles plutôt que de s'éteindre, pourquoi s'impriment-elles plutôt que de disparaître ? Pendant de nombreuses années, les recherches dans ce domaine ont été dominées par les deux noms de Ivan PAVLOV et de Burrhus F.SKINNER, découvreurs des lois du conditionnement. Selon ces lois déduites de l'expérimentation animale, une conduite nouvelle s'inscrit dans le répertoire comportemental d'un sujet lorsqu'une récompense sanctionne positivement le comportement attendu et, par là, le renforce. En revanche, elle s'éteint soit lorsque la récompense disparaît, soit lorsqu'une punition la sanctionne négativement et la rend ainsi inconfortable, insatisfaisante ou pénible (stratégie de la carotte et du bâton). Cette forme d'apprentissage dite « par renforcements » s'avère toujours pertinente pour expliquer des conduites simples. L'enfant qui se brûle en touchant le feu, se le tiendra pour dit. La connexion douleur/feu s'imprimera dans ses neurones hippocampiques (mémoire émotionnelle) et l'incitera à la prudence. Le conducteur verbalisé pour excès de vitesse mettra la pédale douce pour autant que la sanction soit suffisamment pénalisante. Toutefois, selon les théoriciens de l'apprentissage social (A.BANDURA 1980/A.BANDURA 1986), il existe chez l'être humain des apprentissages plus complexes qui échappent partiellement ou totalement aux lois du conditionnement classique en ce qu'ils se réalisent sans renforcement, en tout cas sans renforcement apparent. À titre d'exemple, les petits enfants et les adolescents apprennent d'abord par imitation ou identification à des modèles (héros de fiction ou personnes réelles). Ce type d'apprentissage nommé « vicariant », met en œuvre la fonction symbolique (le héros mythique comme symbole de courage ou de force virile) et la représentation de soi (image que le sujet se fait de lui-même et distance entre cette image et celle du héros promu). À cet égard, plusieurs expériences menées avec des individus humains (et non plus sur des rats de laboratoire) pointent les limites des lois de Skinner. Elles font apparaître que pour fixer un apprentissage social chez un enfant (par exemple lui apprendre à maintenir sa chambre en ordre), la « stratégie de la carotte » (« si tu ranges ta chambre, tu recevras un bonbon ») est payante à court terme, mais ne permet pas une stabilisation durable du comportement attendu. En revanche, les récompenses symboliques (renforcement par valorisation, c'est-à-dire par obtention en retour d'une image positive de soi) s'avèrent beaucoup plus efficaces. Cette efficacité, toutefois, est conditionnelle. Elle dépend de plusieurs paramètres, notamment de la valeur que le sujet accorde aux objets et à sa relation à l'autre. Pour que je sois sensible aux signes de reconnaissance (positifs ou négatifs) que m'adresse quelqu'un, il faut que cette personne soit dotée d'une valeur affective ou imaginaire. Il faut aussi que la relation qui nous lie soit suffisamment importante à mes yeux pour que son altération soit vécue douloureusement. Autrement dit, la sanction affective n'est suivie d'effet que si la relation a un prix. Il s'agit donc pour le psychologue de prendre en compte ces processus généraux (processus communs à tous les sujets humains) dans l'explication du comportement, en notant leur double aspect : interne et relationnel. Interne, puisque la « représentation de soi » est une image qui s'édifie dans la psyché de l'individu, en son for intérieur. Relationnel, puisque c'est dans la dynamique du rapport au milieu humain environnant que se joue la réussite ou l'échec du processus d'apprentissage. L'existence de tels processus relevant de la psychologie générale (donc soumettant indistinctement chacun d'entre nous) ne nie pas l'incidence des différences individuelles mais en atténuent considérablement la portée. Si l'enfant ne range pas sa chambre, ce n'est pas nécessairement parce qu'il a un « caractère désordonné »!.

Des mécanismes de l'apprentissage au fonctionnement de la pensée, il n'y a qu'un pas. Ce n'est un secret pour personne : tous les hommes ne sont pas égaux sur le plan des aptitudes intellectuelles. Très longtemps, les psychologues considérèrent que les différences intellectuelles entre les individus s'évaluaient à l'aune d'échelles verticales graduées entre deux polarités extrêmes (« peu doués » / « surdoués »), nommées : échelles de Quotient Intellectuel (QI). Ils pensaient aussi que l'intelligence humaine traitait les informations et stimulations du monde extérieur de façon mécanique et identique pour tous. On sait aujourd'hui qu'il n'en est rien. Les formes d'intelligence sont multiples et connaissent plusieurs régimes de fonctionnement. Nous nous différencions les uns des autres, non seulement par la place que nous occupons sur les échelles de Quotient Intellectuel (axe vertical) mais aussi par notre façon de raisonner, de traiter l'information, de résoudre les problèmes (axe horizontal). Autrement dit, aux différences quantitatives (QI plus ou moins élevé), s'adjoignent des différences qualitatives déterminantes. Ainsi, certains sujets privilégient l'induction (processus qui généralise au départ du particulier), d'autres la déduction (processus inverse qui procède du général au particulier). Certains procèdent par pensée « convergente » (ils trouvent aisément la solution unique au problème posé) alors que d'autres pensent de façon « divergente » ou « inventive » (ils imaginent des solutions multiples et originales). Les recherches les plus récentes permettent également de répertorier plusieurs « styles cognitifs » (rationnel-analytique ou synthétique-intuitif) et plusieurs façons d'assimiler les nouvelles connaissances. On dénombre ainsi plusieurs « styles d'apprentissage » (pratique ou spéculatif, concret ou abstrait, méthodique ou intuitif...), l'individu se distinguant par son style prévalent. En conséquence, de nombreux échecs scolaires s'expliquent non par l'inaptitude de l'enfant (un QI faible) ou un désintérêt pour l'école, mais par l'inadéquation entre son « style cognitif » ou son « processus d'apprentissage » et la pédagogie mise en œuvre par le professeur.[8]

---

[8] Voir à ce sujet : M.HUTEAU, **Les conceptions cognitives de la personnalité**, Paris, PUF 1985 ; M.KNOWLEG, **L'apprenant adulte**, Paris, Ed.d'Organisation 1990 (pour la trad.française), ainsi que « **L'intelligence, une ou multiple** ? » revue Sciences Humaines N° 116, Mai 2001.

Schématiquement :

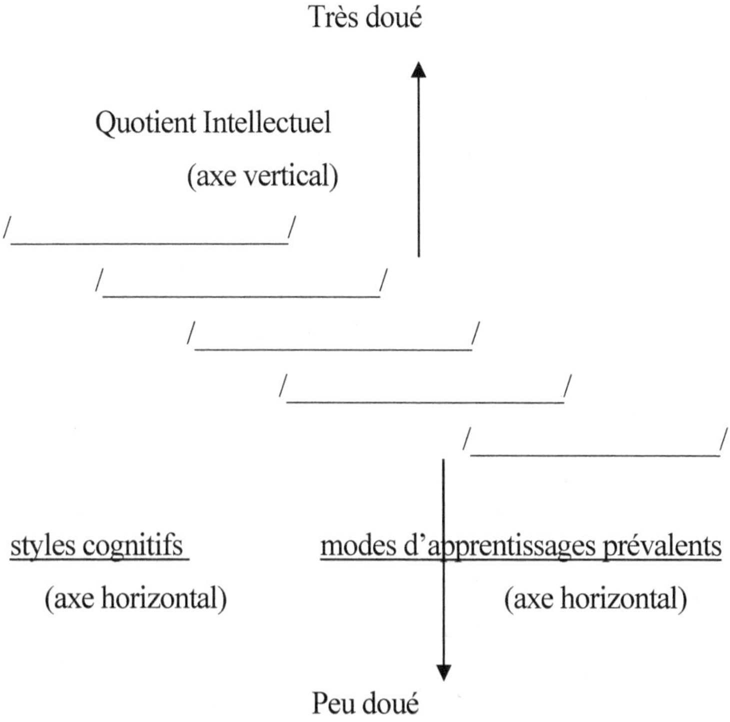

(Fig. 1)

On assiste donc à une curieuse inversion des préséances. Sur la question des comportements sociaux où, hier, on réfléchissait en termes de dispositions personnelles, on tend aujourd'hui à penser en termes de lois générales impersonnelles. Sur le fonctionnement de la cognition où l'on travaillait avec des théories généralisables à l'ensemble de la population, on soumet les processus d'élaboration de la pensée à la loupe des différences individuelles. Il y a plus de trente ans, Paul FRAISSE (FRAISSE 1978) évoquait déjà une "révolution scientifique" ou, plus explicitement encore, un "nouveau paradigme".

En tout état de cause, il semble acquis aujourd'hui que les facteurs tant internes (dispositionnels, personnalitaires) qu'externes (situationnels, environnementaux) ont une incidence sur la variabilité des conduites, mais que cette incidence a été surestimée d'un côté comme de l'autre. En définitive, c'est l'interaction des deux familles de facteurs qui s'avère déterminante (SARASON 75)[9]. Les dispositions internes du sujet (son "caractère") sont toujours relatives à des situations, à un contexte. Ainsi Monsieur Tertio peut parfaitement mettre beaucoup de rigueur et de sérieux dans l'exercice de sa profession et paraître dissolu et inconséquent dans sa vie privée. Ceci rend justice à la maxime de LA ROCHEFOUCAULD : "On est quelquefois aussi différent de soi-même que des autres"[10]. Les traits différentiels (personnalité ou style cognitif) agissent différemment selon le contexte où ils se déploient. Autrement dit, des situations identiques peuvent produire des comportements différents selon les dispositions individuelles du sujet. Inversement, ces dispositions seront actualisées ou non selon sa perception subjective des situations vécues.

Bref, l'interactionnisme se présente comme un point de vue englobant, respectueux de la complexité de l'humain. Il estime qu'une interprétation en termes exclusif/disjonctif (disposition

---

[9] L'analyse de la variance est une méthode de calcul statistique qui permet d'isoler et de quantifier les différents facteurs responsables d'une variation. S'appuyant sur ce type de calcul, L.CRONBACH, en 1958, déplorait déjà la vision réductrice de chaque discipline et insistait sur l'indissociabilité du couple SIT/DIS.

[10] VAN RILLAER, **Les illusions de la psychanalyse,** Mardaga, Bruxelles 1980 p.165.

OU situation) est réductrice, car ce qui importe en fin de compte, c'est l'alchimie subtile de leur liaison. **Il met résolument l'accent sur l'interconnexion rétroactive des deux pôles plutôt que sur les polarités elles-mêmes**[11].

On peut représenter cette interconnexion circulaire par le schéma suivant :

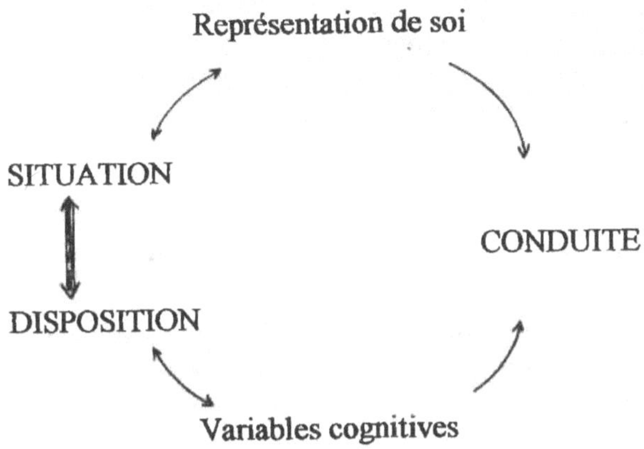

(Fig. 2)

Notre comportement (conduite) est fonction de la représentation que nous avons de nous-mêmes (image de soi) dans le contexte vécu (situation) où nous agissons (image-de-soi-en-situation) et des mécanismes de perception, pensée,

[11] Dans un autre domaine, celui de la psychologie cognitive, c'est déjà l'interactionnisme qui nous permit de sortir de l'éprouvante controverse Hérédité/Milieu en montrant que la question des déterminants de l'intelligence humaine (sont-ce les gènes ou l'éducation qui conditionnent le Quotient Intellectuel de l'individu ?) avait été jusque-là mal posée. Voir à ce sujet : P.TRAUBE, **La controverse du QI,** CDRS, Mons 1988. Pour une analyse détaillée de la controverse SIT/DIS et des thèses interactionnistes, voir : M.HUTEAU, **Les conceptions cognitives de la personnalité,** PUF, Paris 1985.

idéation qui nous sont propres (variables cognitives). L'une et l'autre prennent source dans l'interaction de la situation et de nos paramètres individuels (dispositions).

Outre qu'il bat en brèche l'idée d'un constituant/ déterminant ultime du comportement, outre qu'il dénature l'idée d'une stricte césure interne/externe, ce schéma rend compte de ce que rien n'est intelligible en matière de conduite individuelle, sans référence au contexte global dans lequel cette conduite se déploie. Nous reviendrons sur cette exigence de recontextualisation des phénomènes psychiques. Mais, pour l'heure, imposons-nous une incursion hors des circuits balisés de la psychologie du Moi, dans les marges les plus obscures de la conscience. Là aussi, comme on va le voir, la recherche obstinée d'un soubassement ultime prend eau de toutes parts et l'""inconscient" des premiers psychanalystes se met à tanguer comme un bateau ivre.

5. L'inconscient : réservoir ou trou sans fond !

Le terme « inconscient » s'est largement répandu par-delà la cité des psychologues, si bien qu'il est malaisé aujourd'hui de penser l'être de l'homme sans faire état de cette zone obscure et mystérieuse qui en est le centre, au lieu même où les Anciens plaçaient le « logos », la raison. Or, à y regarder de près, la représentation commune de l'inconscient, celle de beaucoup de psychologues et, par conséquence celle du public, est une représentation saturée d'éléments hérités de l'ancien paradigme. Comment la vulgate psychanalytique dessine-t-elle la psyché ? Comme un iceberg dont la masse immergée serait l'inconscient et la petite pointe émergée le conscient. Elle la dessine aussi parfois comme un édifice étagé, coiffé par la superstructure du Moi (la conscience) et reposant sur une dalle, un soubassement, qui en constitue le socle d'appui. En témoignent des expressions telles que : « toucher le fond » (de sa dépression), ou encore, « aller jusqu'au fond de soi ». La psyché serait une sorte d'architectonie géologique comportant une « surface » (le « conscient ») une couche intermédiaire plus ou moins profonde ou plus ou moins superficielle (le « préconscient ») et une zone profonde qui serait l' » inconscient ». Ces métaphores océanique (iceberg), architecturale (édifice étagé) ou géologique (couches superposées) renvoient à la première représentation de l'appareil psychique (« première topique ») élaborée par Sigmund FREUD à la fin du XIXe siècle et expriment toutes le caractère fondateur de l'inconscient.

Pour l'initiateur de la psychanalyse, l'inconscient est soumis à l'action de mécanismes spécifiques, nommés : « processus primaires » (liés au principe de plaisir) et au libre jeu des pulsions (le « ça »). Il est régi par des règles irréductibles à celles du Moi conscient (pensée, attention, jugement...). Sur son versant théorique, la psychanalyse tentera de disséquer les modes d'action particuliers de ces forces et mécanismes considérés comme fonciers (notons qu'elle se désigne elle-même comme « psychologie des profondeurs »). Sur son versant pratique, comme méthode de cure d'âme, elle proposera au patient (nommé : analysant) une descente au fond de lui-même, descente censée lui donner la connaissance des déterminants infantiles enfouis de sa conduite, donc lui octroyer un savoir inédit sur sa réalité vraie et sa nature originelle. Par une confiance systématique et absolue en une vérité cachée, rappelle Georges STEINER, la psychanalyse « a pour objectif une certitude finale »[12], la certitude que le dégagement des scories enfouies apportera sinon la guérison, à tout le moins un plus-être. Elle repose

[12] G.STEINER, *op.cit.* p.209

donc sur un « dogme de la "verticalité" et est mue par "un pari sur l'authenticité des profondeurs"[13]. Autrement dit, elle pense que **la vérité psychique est "en bas"** (l'enfance oubliée) **et le salut "au fond"** (dans l'inconscient).

Question ! Et si, contrairement à cette image séduisante, l'inconscient humain était un inconscient sans profondeur ? Et si les choses de la psyché, comme celles de la "physis", n'avaient ni fond ni surface, ni soubassement solide, ni limite ultime ?

Révolutionnaire, cette idée ? Pas vraiment ! On en trouve déjà préfigurations ou ébauches chez de nombreux penseurs européens mais aussi dans les grandes traditions philosophiques et spirituelles d'Orient. La plupart d'entre elles (le bouddhisme, par exemple) suggèrent que le Moi n'a pas l'importance qu'on lui accorde, mais aussi que la ligne d'horizon de la quête de soi est une ligne de fuite, que la recherche existentielle a peut-être un sens, mais pas de fin, pas d'aboutissement identifiable a priori, pas de butoir ultime. En Occident, la préséance accordée aujourd'hui par la psychologie à l'événement et à la situation (cf. § précédent) ainsi que la démystification du Moi semble trouver son origine dans l'idéalisme allemand, notamment chez J.G.FICHTE (philosophe du XIXe siècle). C'est dans son opposition à ce-qui-n'est-pas-lui (donc par la négative) que le Moi prend conscience de lui-même et plus particulièrement de sa finitude et de son inachèvement. De même que la surface d'un cercle se définit par la courbe de sa circonférence, c'est ce qui me limite qui me permet d'être moi-même et d'exister en tant que Moi. Mais ce Moi constamment limité et nié par le non-Moi, **n'est pas une totalité achevée et absolue. Il est un effort infini pour se réaliser, pour s'actualiser**. L'opposition Moi/Non-Moi sera redéfinie chez les psychologues par l'expression "interaction Individu/Milieu", postulat de base de

---

[13] G.STEINER, *op.cit.* p.210

la psychologie contemporaine[14]. Dès la naissance, je rencontre dans mon environnement familial, puis social et culturel, des éléments qui entravent mon désir, qui s'opposent à mon élan et sur lesquels je bute inévitablement. C'est grâce à ces forces que je heurte et qui me heurtent que je puis m'édifier et m'instituer comme sujet. Si rien ne se refuse à moi, si mon désir est souverain, s'il n'est pas contredit par une Loi extérieure qui impose sa limite (donc me frustre et m'aliène) mais qui, dans le même temps, indique la place que j'occupe dans la cité des hommes (donc me permet de me structurer), mon édification identitaire s'en verra hypothéquée. Contrairement aux mirages des idéologies rassurantes et des slogans démagogiques, il n'y a pas de plages sous les pavés, il n'est pas interdit d'interdire et l'on ne jouit jamais sans entraves. La vie n'est pas un long fleuve tranquille. C'est précisément en cela qu'elle est humaine et qu'elle est... vivante !

L'intérêt de cette intuition n'est pas négligeable. Elle fait basculer la perspective et propose une autre articulation des différentes structures de la psyché. Communément perçu comme l' » organe » psychique permettant à l'individu de s'adapter à la réalité extérieure et donc comme garant de la stabilité de son identité, le Moi est ébranlé de toutes parts. Loin d'être une forteresse orgueilleuse, solidement arrimée, dominant l'appareil psychique, il serait « une construction précaire, flottante, incertaine »[15], soumise à instabilités, fluctuations et turbulences. Quant aux instances psychiques « profondes » dont la conquête ou la reconquête est habituellement présentée comme la finalité du travail intérieur et aboutissement de la maturation psychique (le « Soi » chez JUNG, le « Sujet » chez LACAN), elles deviennent des <u>concepts-limites</u>, des points d'horizon situés à l'infini, vers

[14] J.P.BOUTINET, **Anthropologie du projet,** PUF, Paris 1990 p.32 à 35
[15] R.GENTIS, **Leçons du corps,** Flammarion, Paris 1980 p.185.

lesquels on peut tendre mais n'accéder jamais. Elles sont évanescentes et s'échappent dès qu'on croit les saisir.

Dans cette psychologie revisitée, s'imposent en France deux noms, ceux de Jacques LACAN et de Cornélius CASTORIADIS. Mais comme les révolutions intellectuelles ne connaissent pas de barrières douanières, la sociologie américaine, par la voix d'Erving GOFFMAN, y a également placé sa note.

6. De l'édifice étagé sur soubassement.... à la bande de Moebius

1. Dans l'espèce humaine, l'enfance joue les prolongations, parce qu'à la naissance, le nouveau-né est biologiquement prématuré. Dans son article de 1949 « *Le stade du miroir comme formateur de la fonction du Je* », LACAN explique qu'en raison de cette prématuration, le petit d'homme vit d'abord son corps comme morcelé et indistinct de celui de sa mère. Puis, dans un second temps, il élabore son sentiment d'existence propre (une première ébauche du Moi) à partir de son image vue dans le miroir. Dans le reflet de son image, il se découvre comme « Je » distinct et entier. Mais ce qu'il voit, n'est précisément qu'une image, une image qui lui permet en quelque sorte d'anticiper son unité corporelle. Il va s'identifier à celle-ci. C'est donc au moment où il prend conscience de lui-même comme totalité, et comme totalité distincte de son environnement, qu'il pressent qu'entre lui et lui, qu'entre lui et le monde, il y aura toujours l'image, c'est-à-dire... le leurre. L'expérience première de soi est donc une expérience

d'aliénation et d'étrangeté. Commentant cette expérience du Miroir et le rôle médiateur de l'image que celui-ci atteste, A. RIFFLET-LEMAIRE écrit : le stade du Miroir « symbolise la permanence du Je, mais en même temps, préfigure son destin d'aliénation... Quelles que soient dès lors les synthèses dialectiques où l'esprit tente de rejoindre sa réalité, son essence, la fusion du Moi et de la vérité ne sera jamais au mieux qu'asymptotique »[16]. Autrement dit, **la soudure entre le sujet et sa vérité est impossible** (sinon à l'infini comme le suggère métaphoriquement la fonction mathématique de l'asymptote). La pensée psychanalytique contemporaine s'engouffrera dans cette brèche ouverte par LACAN. Si, comme nous le disions au chapitre précédent, il n'y a pas dans le monde de vérité identifiable a priori (la vérité étant toujours affaire de choix), il n'y a pas non plus de « réel vrai » qui nous préexisterait. Le « réel » nous échappe chaque fois que nous pensons le saisir. Il est inconnaissable, sinon par le détour de l'imaginaire, c'est-à-dire grâce aux représentations que nous nous fabriquons. Nous sommes prisonniers de l'imaginaire, donc du leurre, puisque les représentations sont les produits de notre propre cerveau. Nous considérons comme réalité, ce que nos représentations nous disent du réel. Mais **il n'y a pas plus de vérité du sujet à découvrir, que de réel à circonscrire.** En conséquence, le problème du psychothérapeute ou du psychanalyste, n'est pas tant de trouver réponse à la question du patient, que de lui proposer les meilleures stratégies de recherche dans le processus d'interprétation de « sa » réalité.

---

[16] A.RIFLET-LEMAIRE, **Jacques Lacan,** Dessart, Bruxelles, 1970 p.295 (les mots soulignés dans cette citation le sont par moi).

2. Le philosophe et psychanalyste Cornélius CASTORIADIS abonde dans ce sens tout en en radicalisant plus encore la portée. Il reprend l'aphorisme célèbre de FREUD « Là ou CA est, JE dois advenir » (« *Wo ES war, soll ICH werden* »), c'est-à-dire là où la pulsion brute m'agit et m'agite (« ça »), je dois me constituer comme sujet conscient, humanisé, civilisé. Mais il a soin d'ajouter que le Je qui doit advenir là où Ca était, n'est ni un état achevé (un Moi définitif), ni même un Moi vers lequel on peut tendre faute de ne pouvoir l'atteindre, mais bien « une situation active vécue par une personne réelle, qui n'arrête pas son mouvement de reprise de ce qui était acquis... Ce n'est pas un simple "tendre vers" mais... un autre rapport entre conscient et inconscient »[17]. Ce dernier, l'inconscient, ignore le temps (celui de l'horloge) et ignore la contradiction (la logique rationnelle). Cette loi est connue depuis FREUD. Une chose peut être elle-même et son contraire. Une chose peut être et ne pas être. Mais, comme la symphonie inachevée de Schubert, **l'inconscient boude aussi la cadence conclusive**. Sa ponctuation favorite est le point de suspension. Pas d'achèvement, pas de fond ! Par ailleurs, son étoffe essentielle est la représentation (l'inconscient freudien est le réservoir des images mentales enfouies) « dont nous ne pouvons rien dire », poursuit CASTORIADIS, « si nous en restons à notre logique usuelle »[18]. Quant à sa production, le rêve, son sens ne peut jamais être pleinement établi (il n'y a pas de clef des songes), parce qu'il est, par essence, « intrinsèquement, sans aboutissement : interminable, indéterminé, indéfini »[19].

---

[17] C.CASTORIADIS, **L'institution imaginaire de la société,** Seuil, Paris 1975, p.142-143

[18] C.CASTORIADIS, *op.cit.* p. 373

[19] C.CASTORIADIS, *op.cit.* p. 379

3. La « représentation » à laquelle l'auteur-psychanalyste fait allusion dans cet extrait est un phénomène mental lié à la persistance inconsciente d'images ou de mots associés aux affects. Mais, ce terme connaît diverses acceptions. Si nous le transposons de la sphère psychique à la sphère sociologique, il acquiert une autre définition. Changement de décor, donc ! Pour le sociologue, la représentation est la mise en scène du sujet sous le regard de l'autre, la présentation de soi dans le théâtre de la vie sociale (définition proche de la « persona » de JUNG, mot dont l'étymologie renvoie au masque du comédien antique). Erving GOFFMAN, spécialiste américain de la microsociologie, dissèque avec minutie les mécanismes des interactions quotidiennes et tente de comprendre pourquoi les gens se comportent comme ils le font dans les situations banales de face-à-face (par exemple, la conversation en rue ou avec le voisin de palier). Prenant le parti d'étudier les conduites humaines dans une perspective dramaturgique, un peu comme le ferait un metteur en scène, il dénonce cette habitude qui consiste à dénigrer le « rôle » au profit de l'authenticité, à ne voir dans le masque ou le rôle social, c'est-à-dire dans l'apparence, qu'un artefact, un pur fabricat dénué d'épaisseur, une sorte de pélicule épiphénoménale lisse, cachant une vérité authentique où siègerait l'essence souveraine de la personne. Certes, il n'est pas sot de distinguer la personne de son rôle. Toutefois, « il faut se garder de toute considération sur leur essence respective. On a trop souvent tendance à admettre que si le rôle est quelque chose de purement social, la machine qui le met en œuvre, la personne ou l'individu, est en quelque sorte au-delà du social, plus réelle, plus biologique, bref qu'elle se caractérise par une plus grande épaisseur et une plus grande authenticité. Cette fâcheuse tendance ne saurait empoisonner notre analyse. Il faut au contraire partir de l'idée que **le joueur, comme son rôle dans le jeu, sont deux entités également problématiques et dont les définitions sociales sont**

également variables... Ce qu'on appelle individu ou personne dans un contexte est appelé rôle ou qualité dans un autre !"[20]. Loin d'être un sous-produit dénaturé, le rôle entretient avec ce qu'il masque (et donc aussi ce qu'il protège) un rapport ambigu et complexe qui reste à élucider. Il n'est pas seulement l'enveloppe externe (factice) de la personnalité intérieure (vraie). Il en est le rejeton. Il peut aussi en être le moteur ou le ressort. D'une certaine manière, paraphrasant Descartes... je suis mon rôle, donc je suis.

C'est donc bien à un nouveau regard sur l'appareil mental que nous invite la réfutation d'une vision dure fondée sur les notions d'« unité primitive » ou de « soubassement solide ». C'est à une nouvelle intelligibilité de l'appareil mental que nous convoque cette déconstruction de sa topologie traditionnelle. Si la psyché peut être représentée comme un espace, ce n'est pas comme l'espace-citerne de FREUD (pur contenant des représentations refoulées), encore moins comme l'espace téléologique d'une Vérité hypostasiée, à la manière de JUNG (un « vrai Self » désentravé de toute attache aux liens artificiels et aux rôles sociaux). Il s'agirait plutôt d'un champ de forces opérantes dont il nous faut encore chercher la représentation topographique la plus pertinente. Le problème est qu'en psychologie comme en physique, plus une théorie se complexifie moins elle est accessible à l'intuition usuelle et à la visualisation spatiale. Il est tout aussi difficile de se représenter l'inconscient dans sa mouture contemporaine que la « courbure de l'espace-temps » d'Einstein. Il semble toutefois que la topographie susceptible de rendre compte de cet inconscient-processus serait la **bande de Moebius**. De quoi s'agit-il ? Une bande de Moebius est un ruban torsadé qui ressemble à un « huit » horizontal. Si l'on dessine un trait longitudinal sur ce ruban, on obtient une ligne ininterrompue qui témoigne visuellement de ce que l'endroit et l'envers sont

[20] E.GOFFMAN, **Les cadres de l'expérience,** Minuit, Paris 1991.

en parfaite continuité. Ce ruban est donc doté de la curieuse propriété de n'avoir ni commencement ni fin (comme le cercle) mais, en sus, ni endroit ni envers, ni intérieur ni extérieur[21]. Il ressemble à ceci...

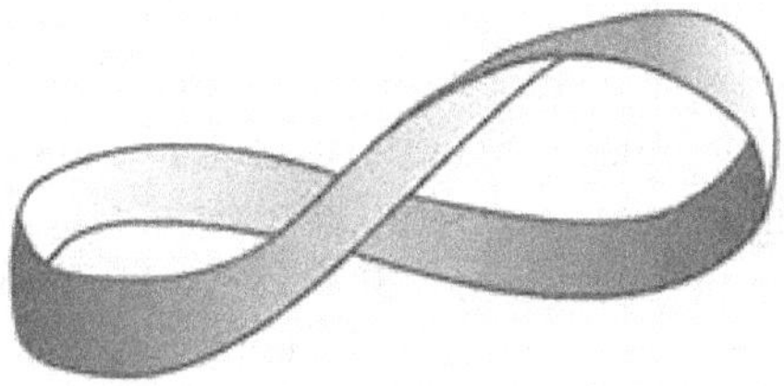

... soit un élastique déformable à souhait dans toutes les directions, de telle sorte que ce qui est loin, peut venir près et vice-versa, que « les voisinages n'y sont pas déterminés ou sont constamment re-déterminés et que presque tout point est à la fois arbitrairement près et arbitrairement loin de presque tout autre point. »[22]

Cette visualisation exclut-elle toutes les autres ? Rend-t-elle incongrue la représentation de la psyché comme espace gravitationnel sphérique comportant, à l'instar de l'atome, un centre enfoui et agissant ? Non ! À condition de résister à la tentation de faire de ce centre un absolu, à condition d'entretenir la plus extrême méfiance à l'endroit des séductions d'une interprétation romantique. Car, si ce centre existe, sa nature reste mystérieuse. Étincelle divine ou néant radical ? Grand plein béatifique ou vacuité vertigineuse ?

---

[21] Pour obtenir une bande de Moebius, il faut découper une bandelette de papier, lui imprimer une torsion et accoler les deux bouts. Cela donne une sorte de « huit » horizontal. Si, au moyen d'un crayon, on dessine un trait longitudinal sur cette bandelette, on obtient une ligne ininterrompue qui témoigne de la stricte continuité de l'envers et de l'endroit.

[22] C.CASTORIADIS, *op.cit.* p.376.

Foyer lumineux qui irradie, réchauffe et transfigure ou « trou noir » qui aspire, absorbe et dissout ? « L'immensité des espaces infinis m'effraie », disait PASCAL. Mais les « espaces infinis » sont en nous (dans la sphère psychique) autant qu'autour de nous (dans le monde naturel). Peut-être la réponse à cette question n'est-elle pas du ressort de la psychologie. Peut-être relève-t-elle de la spéculation philosophique ou de l'imaginaire poétique. Peut-être, à l'instar de ce qu'ont réalisé les physiciens atomistes dans leur domaine, exige-t-elle tout simplement le recours à d'autres modèles de représentation. « L'impossibilité de donner un contenu intuitif à l'idée de l'inconscient, disait l'un de ceux-ci, correspond à l'impossibilité d'une interprétation intuitive du formalisme de la mécanique quantique » (Niels BOHR, 1955). Autrement dit, il n'aurait pas été possible de comprendre la structure de l'univers matériel en demeurant arrimé aux schémas intuitifs de la science newtonienne. De la même façon, il ne sera pas possible d'affiner notre compréhension de la psyché en nous adossant aux visualisations utiles, mais trop simplistes, qui nous ont servis jusqu'à présent.

CHAPITRE 3.

L'EVENEMENT COMME RELATION ET INDETERMINATION

1. le Principe d'Incertitude

Au début du vingtième siècle, les physiciens pensaient que l'électron était un grain substantiel (matériel) gravitant autour d'un noyau selon une trajectoire elliptique (orbite) à la manière d'une planète tournant autour du soleil. Il n'en est rien. Ce modèle « planétaire » décrit par E.RUTHERFORD est radicalement remis en question par la mécanique ondulatoire. L'orbite électronique n'est pas une trajectoire parcourue par l'électron mais **la région de l'espace atomique** (l'« orbitale ») **où la probabilité de trouver celui-ci est la plus grande**. L'électron est caractérisé par l'orbitale qu'il occupe. C'est elle qui détermine son énergie. La quasi totalité de la charge électrique lui est uniformément distribuée. Bouleversement de perspective ! L'objet physique « électron » n'est plus un objet ponctuel qui se déplace, mais un objet étendu dans l'espace. L'électron n'est pas un petit grain qui tourne, mais la portion d'espace qu'il parcourt en tournant. Si l'on transposait ce changement de statut dans l'univers de la mobilité à échelle urbaine, on dirait : l'autobus n'est pas un véhicule motorisé qui se déplace entre son point de départ et son terminus, c'est l'itinéraire qu'il dessert.

Cette nouvelle définition de l'objet « électron » est fondamentale, car elle modifie non seulement la vision l'objet lui-même, mais également la représentation de l'espace dans lequel s'inscrit son mouvement. Elle nous invite à rompre avec une autre habitude mentale, celle qui consiste à séparer la mécanique et la géométrie, c'est-à-dire l'objet en mouvement et l'espace dans lequel il se meut (BACHELARD 1966). La réalité microphysique témoigne de ce phénomène étonnant : il n'est pas nécessaire qu'un objet préexiste à son déplacement. **Il arrive même que ce soit le mouvement qui crée la chose, que ce soit le rythme qui engendre la structure**. Alors que la notion classique d'« orbite » (électronique) supposait la présence réelle des électrons autour du noyau, la notion d'« orbitale » renvoie plutôt à une structuration spécifique de la géométrie entourant ce noyau. Dès lors, l'espace lui aussi change de statut. Il n'apparaît plus comme un pur contenant, un fond neutre, témoin indifférent et passif des événements qui s'y déroulent. Il apparaît, au contraire, comme une réticularité agissante, un réseau de relations multiples, un champ événementiel actif. Il est, selon le physicien W. HEISENBERG « un tissu complexe d'événements où les liaisons de tous genres alternent, se chevauchent ou se combinent, déterminant ainsi la texture de l'ensemble ».

Werner HEISENBERG introduira un concept essentiel de la nouvelle physique, le concept d'« incertitude ». De quoi s'agit-il ? On l'a dit, photons et électrons sont des objets dont il n'est pas possible d'isoler les trajectoires individuelles. Mais en outre, ces trajectoires ont une particularité déroutante. Il est impossible d'y faire apparaître simultanément une position d'objet et une vitesse de déplacement. Position et vitesse sont régies, dira-t-on, par un « principe d'incertitude », ou « principe d'indétermination », que la théorie physique formulera de la manière suivante : ces particules se comportent de façon telle que l'on ne peut en connaître, en même temps et avec précision, la position et la quantité de mouvement.

Comme on l'a vu précédemment, un atome ne connaît que des états « discrets », c'est-à-dire que les changements en son sein (mouvements d'électrons entre les orbites) ne peuvent s'effectuer que par sauts.

En conséquence, l'énergie (exprimée mathématiquement par l'opérateur « H » (ou « hamiltonien ») ne peut être comme en mécanique classique, une simple fonction des coordonnées de position (q) et des quantités de mouvements (p) (p = masse. vitesse). Si c'était le cas, en donnant à p et à q des valeurs voisines, l'énergie varierait de manière continue. Il est donc impossible d'attribuer à p et à q, simultanément, des valeurs déterminées. Les deux « opérateurs » (« objets » mathématiques) correspondant aux fonctions P et Q ne sont pas indépendants, mais sont reliés par une relation d'incertitude :

$$\Delta p.\ \Delta q \geq \frac{h.}{\lambda}\ \lambda = h \text{ (constante de Planck).}$$

Nouvelle vision de l'objet. Nouvelle vision de l'espace. Nouvelle vision du rapport entre l'objet et son environnement. Mais un autre rapport encore se voit mis en examen, c'est le rapport entre l'observateur et le phénomène observé. Quand le physicien mesure des masses ou détermine des trajectoires dans l'univers macroscopique (univers à notre échelle), il met en œuvre des dispositifs expérimentaux qui lui permettent une approche correcte de la réalité étudiée et ne perturbent que peu ou prou le processus en cours. Au niveau de l'infiniment petit, il n'en va pas de même. Il n'est pas possible d'observer un phénomène sans interférer, d'une manière ou d'une autre, dans ses changements d'état. Autrement dit, on ne peut observer un processus microphysique sans le modifier. La conscience observante (sujet) s'insinue donc dans la formation et la formulation des phénomènes (objet), ne fut-ce que par le biais des choix méthodologiques opérés, des outils logiques ou des modèles représentatifs utilisés. Ceci invalide évidemment la disjonction Objet (observé)/Sujet (observant) qui fondait la démarche scientifique classique, c'est-à-dire en fin de compte l'illusion selon laquelle on peut mesurer un objet tout en en préservant la texture[1]. **L'objet n'existe que face à un sujet qui le regarde.**

---

[1] Cette notion de « conscience observante » (implication de l'observateur dans le phénomène observé) est différemment interprétée selon qu'elle est utilisée par des penseurs « spiritualistes » ou « rationalistes ». Pour les premiers (cfr. annales du Colloque de Cordoue en 1979), il s'agirait d'une interférence directe de la subjectivité individuelle du chercheur. Pour les seconds (cfr ATLAN 86), il s'agirait d'une distorsion introduite par le dispositif expérimental, dont l'observateur fait partie intégrante. À ce sujet, Gille-Gaston GRANGER met en garde les savants eux-mêmes à l'encontre des interprétations abusives qui bourgeonnent habituellement à la périphérie des révolutions scientifiques. Son propos est clair : « Lorsqu'une révolution aussi subversive (que la révolution en cours dans les sciences physiques) se produit dans une région du savoir scientifique, on ne saurait trop s'étonner de voir certains esprits l'interpréter comme **une promesse d'une transgression des règles mêmes qui découlent du projet fondamental de la science** (à savoir la visée d'objectivation). Nous vivons aujourd'hui un tel épisode en physique des quanta. À la faveur du désarroi causé par la nécessité de réviser à cette échelle la catégorie de l'objet dans ses traits apparemment irréductibles, transmis jusqu'alors par une schématisation assez naturelle de l'intuition perceptive à la science classique, on voit se dessiner chez certains savants **des doctrines de désobjectivation plus ou moins latentes.** Sous leur aspect le plus net, elles consistent, abandonnant délibérément l'effort continu, laborieux et toujours contrarié de la pensée scientifique - **à dire que la réalité est, à ce niveau profond, non objectivable, à y réinjecter la saisie d'une vécu que l'on renoncerait alors à constituer en objet.** C'est ici que commence à paraître le rapport de la science avec ces formes d'appréhension et d'interprétation du vécu que nous avons nommées : idéologies ». G.G.GRANGER, **Pour la connaissance philosophique,** ed.O.Jacob, Paris 1988, p.143. (Les mots soulignés le sont par moi). La mise en garde d'Edgar MORIN n'est pas moins claire : « Le vieux spiritualisme qui se précipite dans la brèche ouverte par l'effondrement du matérialisme substantialiste n'en est que le

Que suggère tout ceci au professionnel des sciences humaines ? D'abord une interrogation sur le statut de l'objectivité dans son propre champ d'étude.

2. L'objectivité en psychologie.

Les théories de la communication ont profondément bouleversé la conception classique selon laquelle objectivité et subjectivité seraient des opposés diamétraux. Aujourd'hui, cette dichotomie outrageusement simplificatrice bat de l'aile côté cour et côté jardin, sur les deux versants de la psychologie, le versant clinique (psychologie « *in vivo* ») et le versant expérimental (psychologie « *in vitro* »).

Psychologie « *in vivo* » ! Avant de recevoir le brevet d'aptitude l'accréditant pour accompagner le travail intérieur d'autrui, le psychothérapeute, le psychanalyste, doit impérativement s'astreindre à un travail personnel approfondi sur lui-même. Savoir théorique et maîtrise technique ne lui suffisent pas. Comme accompagnateur des parcours intimes, il doit acquérir une compétence suffisante sur son propre fonctionnement intime, une transparence optimale quant à ses propres ressorts psychiques. Pourquoi ? Parce qu'il est un artisan aux mains nues. Parce qu'il ne peut approcher l'objectivité optimale du regard qu'à la condition de ciseler en permanence sa propre subjectivité. Parce qu'il ne peut entendre le discours de l'autre en positif (ce que dit le patient) comme en négatif (ce qu'il ne dit pas), qu'à la condition expresse de polir sans relâche les filtres qui tapissent ses conduits acoustiques. C'est le paradoxe incongru de son métier : l'objectivité implique l'objectivation de sa propre

---

symétrique simplificateur et euphorisant. » E.MORIN, « Computo ergo sum » in **Dialectique** 1981.

subjectivité c'est-à-dire la conscience aiguë des contours d'ombre qu'en tant qu'observateur-intervenant, il projette sur le sujet qui se présente à lui, son patient. Comme « praticien du singulier », il ne peut faire abstraction de ses paramètres personnels (ses besoins, ses désirs, ses sentiments, son imaginaire...) au risque de les projeter sur celui qui lui fait face. Il doit les prendre en compte pour n'en être point dupe et entretenir à leur endroit la plus grande vigilance.

Sur l'autre versant, celui de la « psychologie *in vitro* », règne la méthode expérimentale. On y utilise des dispositifs contrôlés, des instruments de mesure rigoureux, des formules ou des algorithmes mathématiques afin d'obtenir des résultats quantifiables et généralisables. La méthode expérimentale est censée fournir au psychologue une connaissance objective, un savoir lavé de tout soupçon de subjectivisme. Cette positivité du savoir est un idéal éminemment respectable. Mais l'expérimentaliste averti n'en est point dupe. Il sait que sa volonté de rigueur n'implique en rien une affiliation inconditionnelle au dogme de « l'immaculée perception » (J.VAN RILLAER 1980). Il sait qu'une perception n'est jamais vierge d'a priori, qu'une observation, une expérimentation, aussi aseptisée fut-elle, n'est pas exempte de présupposés, puisqu'elle prend source dans une représentation préalable de la psyché et cible une hypothèse qu'il s'agit de démontrer. En psychologie expérimentale, comme dans toutes sciences expérimentales (physique, chimie, biologie, génétique...), les conclusions obtenues renvoient au système de découpage préalable et à la définition d'objet dans lequel elles s'insèrent. Dans un livre magistral (« Le Principe d'Humanité »), J.C.GUILLEBAUD montre, multiples exemples à l'appui, qu'une démarche scientifique peut être saturée d'engouements idéologiques tacites. Instillés par l'esprit du temps et les idéaux collectifs d'une époque, des affabulations messianiques parasitent parfois l'esprit des chercheurs, jusqu'à l'aveuglement.

Dans un cas comme dans l'autre, dans la vie de laboratoire comme dans le laboratoire de la vie, l'observation suppose une préparation préalable du champ à observer et cette préparation oriente l'observation résultante. Norbert WIENER, père de la cybernétique, démontrera le phénomène du « feed-back », soit ce processus de rétroaction circulaire qui, en situation clinique comme en situation d'expérience, couple indissociablement le sujet observant et l'objet observé. La neutralité est un idéal scientifique. Mais la croyance en une possible neutralité intégrale est un mythe scientiste, donc une mystification. En psychothérapie et en psychanalyse, par exemple, le processus de feed-back agit au sein du « colloque singulier » (échange de paroles entre praticien et patient). Le thérapeute réagit aux signaux verbaux et non verbaux de son patient. En retour, celui-ci perçoit les réactions verbales ou corporelles de celui-là et module son discours en fonction de cette perception. C'est la raison pour laquelle A.SHAPIRO mettra expressément le praticien en garde contre la manière dont il communique souterrainement au patient ses propres attentes et influence ainsi les résultats qu'il obtient[2].

La connaissance psychologique et l'action qui en résulte s'effectuent donc à l'interface objet/sujet. Elles opèrent à la jonction de l'objectif et du subjectif. Mais elles imposent aussi des choix de perspective. Or, rappelons-le, le choix d'une perspective implique le sacrifice des autres. Dès lors, le monde de la psyché est, par excellence, celui de l'indétermination car il rechigne à toute mise en ordre définitive et connaît l'irréductibilité des points de vue. Concrètement, cela veut dire que la mise en évidence de certaines données suppose l'opacification d'autres données. Sur le plan de la démarche d'investigation elle-même, la préséance accordée (arbitrairement) à certaines exigences, implique la mise en

---

[2] A.SHAPIRO, **Placebo effects in medicine, psychotherapy and psychanalysis,** in Bergin et Garfield: Handbook of psychotherapy and behavior change, p. 439-473.

sourdine (à tout le moins provisoire) d'autres exigences. Le contrepoint figure/fond du schéma de RUBIN nous permet de visualiser la chose :

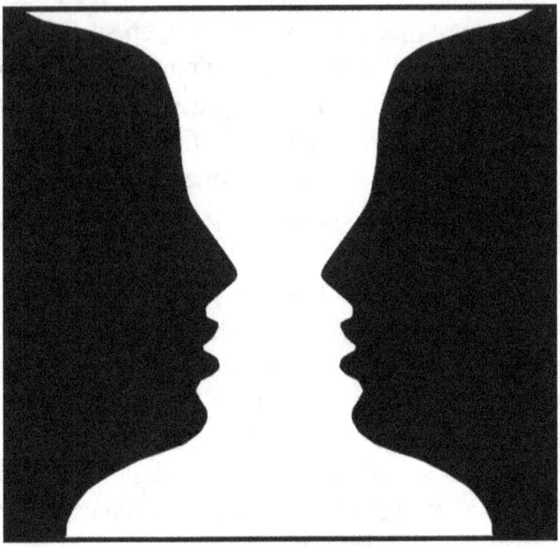

Dans ce dessin, l'acte perceptif opère un « choix ». Sur le fond, il découpe soit un vase, soit deux visages humains qui se font face. Si la perception choisit le vase, les profils disparaissent du champ et deviennent « fond ». Si, au contraire, les profils sont choisis, le vase s'évanouit comme figure. Une option chasse l'autre. Impossible de percevoir à la fois le vase et les deux visages.

Ceci nous donne à réfléchir à trois paradoxes qui concernent notre existence quotidienne et que je nommerai le « paradoxe du locuteur » ou du sujet-parlant (registre linguistique), le « paradoxe de l'acteur social » ou du sujet-agissant (registre épistémique-praxique) et enfin, le « paradoxe de l'existence » (registre ontologique).

2. Le Paradoxe du Locuteur

L'opacification d'un pan du réel est nécessaire à toute compréhension et c'est le sacrifice d'un point de vue qui rend possible l'intelligibilité des choses. Cette idée, nous la trouvons tout d'abord dans la théorie linguistique. Noam CHOMSKY met en évidence le paradoxe suivant : une langue ne peut effectivement fonctionner qu'à la condition qu'y opèrent des mécanismes... qui en limitent le fonctionnement. Cette bizarrerie nécessite la distinction préalable des deux notions de « **compétence** » et de « **performance** ». Pour parler, pour m'exprimer dans une langue quelconque, je dois posséder la « compétence » de cette langue, soit les connaissances grammaticales et syntaxiques indispensables à sa maîtrise. Si je ne connais pas l'hébreu, je ne parlerai jamais l'hébreu. Si je n'entends rien au russe, je ne puis parler le russe. Mais, par ailleurs, cette « compétence » peut engendrer des phrases d'une longueur ou d'une complexité telles qu'elles en deviennent incompréhensibles pour l'interlocuteur, donc inutiles à la communication, voire même nuisibles à celle-ci. C'est pourquoi la pratique effective du discours exige également une « performance ». Je dois être capable de produire des phrases qui non seulement soient syntaxiquement correctes, mais qui permettent une transmission opérationnelle de mon message. Pour ce faire, je dois limiter les mots utilisés à ce qui est acceptable et rejeter ce qui ne l'est pas. La « performance » suppose donc une limitation dans l'effectuation de la « compétence ». Autrement dit, pour bien parler, il ne faut pas trop parler, il faut même parfois (se) taire. Cette maxime n'est pas dénuée d'implication pratique. Dans le domaine des médias, par exemple, la distance est courte qui sépare la surinformation de la désinformation. L'abondance d'informations prétendues ou inutiles rend le message obscur, indécodable. La logorrhée noie tout ce qu'elle inonde et la

« langue de bois » contamine la communication en la rendant insignifiante. Observation identique en matière de circulation routière ou de téléphonie. La surcharge des réseaux (autoroutes, autoroutes de l'information...) entraîne des encombrements tels que ces réseaux s'enrayent. Elle bloque la communication qu'ils étaient censés assurer. Sur un plan théorique, c'est le même principe qui fonde, chez F.DE SAUSSURE, la distinction entre « pouvoir-dire » (langue) et « savoir-dire » (discours) ou encore, chez E.BENEVENISTE, la différence entre « grammaire » et « rhétorique ». Quels que soient les mots utilisés, la loi du langage et de la communication est similaire. La pratique effective de la parole suppose un équilibre bien tempéré entre langue et discours, grammaire et rhétorique, savoir-dire et pouvoir-dire, performance et compétence. Cet équilibre définit l'art de l'écrivain, comme celui de l'orateur.

L'homme parle. L'homme agit. Ce principe s'applique également au domaine de l'action sociale innovatrice (la « praxis »), soit au rapport ambigu entre l'« agir » et le « penser ».

4. Le Paradoxe de l'acteur social

Ciel et terre, ténèbres et lumières, continents et flots... Lorsque Dieu accouche de la création, il commence par séparer, par distinguer. Le récit de la Genèse n'est pas seulement un mythe originel, fondateur. C'est aussi la description d'un geste-prototype. Distinction et séparation sont les deux opérations primordiales du savoir, les deux mamelles de l'intellect. Un concept, dira J.ONIMUS, vaut par son pouvoir de séparation. Séparation d'avec les concepts mitoyens, d'avec l'ambiguïté des termes du langage commun, d'avec la langue usuelle du locuteur. Plus il est précis, plus il est univoque, plus son pouvoir séparateur s'affirme. Toute connaissance commence donc par découper le monde des objets et par y imprimer un ensemble de concepts et de catégories. De ce fait, elle installe l'observateur en position d'extériorité par rapport à l'objet observé, c'est-à-dire instaure une distance. Séparer, c'est créer de la distance.

Comme nous l'avons vu, la physique relativiste et la mécanique quantique ont ébranlé l'espoir d'une extériorité absolue du chercheur. Mais cet ébranlement pose aux sciences de la matière moins de problèmes qu'il n'en résout. En physique, en biologie ou en chimie, l'implication partielle de l'observateur n'entache en rien la validité des résultats obtenus. Il n'en va pas de même dans les sciences sociales et cela, pour deux raison. D'une part parce que l'objet y est doté d'un statut épistémique particulier (cet objet est éminemment... subjectif !). D'autre part, parce qu'en tant que sciences historiques, sociologie et politique impliquent l'action humaine sur leur propre objet. Il n'y a pas de point de vue psychologique qui soit extérieur à la psyché, il n'y a pas de point de vue historique qui soit extérieur à l'Histoire. Autrement dit, comme on va le voir, savoir et action, connaissance et transformation, élucidation et changement y sont indissociablement mais paradoxalement coalisés.

1. Qu'est-ce que connaître ? Connaître, on l'a dit, c'est d'abord « préparer le système », c'est-à-dire, isoler un objet et lui donner forme, à la manière d'un couturier qui découpe le tissu selon un plan défini, un « patron ». Or, le savoir ne laisse pas l'objet intact. Parfois, il en perturbe le contour ou lui imprime une torsion. Plus la connaissance de cet objet s'approfondit, plus se modifie la forme primitive dans laquelle il se donnait à voir. Si, comme sociologue, je décide d'étudier les us, coutumes et rites ancestraux des manouches, je découpe la catégorie « manouches » et fait saillir sa spécificité par rapport à l'ensemble plus englobant des « nomades » ou

des « gens du voyage ». Mais, en cours d'examen, je puis me rendre compte que cette catégorie prend une figure différente, moins nette, légèrement décalée ou plus complexe, que celle que j'avais imaginé au départ. Ce constat me conduira à redéfinir l'objet « manouche ». Donc, toute nouvelle connaissance renforce ou fragilise le découpage lui-même, le légitimise ou le rend obsolète, donc lui imprime un changement. Ce n'est pas tout. Si ce changement peut amener l'observateur à modifier l'image préalable de l'objet, il peut aussi modifier l'objet lui-même. Il se peut que mon étude, rendue publique, circule parmi la population concernée, y soit commentée et renforce le sentiment d'appartenance des manouches. L'agrégat disparate se mue alors en groupe plus soudé, affirmant avec une véhémence accrue son affiliation collective face au monde sédentaire ou face aux autres « familles » du nomadisme (gitans, romanichels...). On est donc en droit de poser que **tout savoir transforme**. Il transforme l'observateur, comme l'observé. Mais la proposition inverse se vérifie également. Toute action transformatrice est source de savoir, puisqu'elle dévoile un pan d'objet ignoré, méconnu, frangé d'ombre. Elle fait surgir en surface ce qui demeurait enfoui sous la ligne de flottaison. Elle inverse le rapport figure/fond. F.NIETZSCHE mais aussi J.P.SARTRE et H.ARENDT ont insisté sur le double pouvoir révélateur de l'action : révélateur à la fois de l'objet à connaître et du sujet connaissant.

Cette intrication du « savoir » et de l'« agir » peut donc être exprimée sous la forme d'un rapport de causalité circulaire : les deux polarités s'engendrent réciproquement, chacune étant tout à la fois « effet » et « cause ». La main façonne et le cerveau pense. Dans le même temps, la main pense et le cerveau façonne. Il y a suture des deux opérations.

Schématiquement :

SAVOIR ACTION
CONNAISSANCE TRANSFORMATION
RÉFLEXION CHANGEMENT

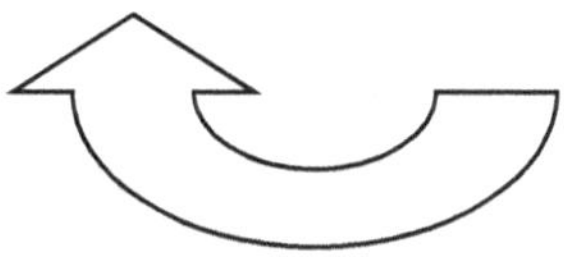

Suture
(engendrement réciproque)

(Fig.3)

2. Pourtant, si nous poursuivons le raisonnement plus avant, les choses se compliquent. En effet, pour réfléchir, il faut suspendre l'acte, ne fut-ce qu'un instant, l'instant du recul réflexif. Inversement, toute action exige la levée provisoire de l'acte réflexif. Acculé au point extrême de sa logique, l'« agir » tend à annuler la distance et le recul. L'activisme permet l'économie de la réflexion. Trop proche de l'objet, l'action tend à s'écraser sur sa surface, à l'instar d'un satellite subissant la mortelle attraction de la terre. Inversement, le « penser » poussé dans ses retranchements extrêmes, tend à immobiliser toute velléité d'action. La chose est connue aussi :

toute mobilisation pour une cause quelconque peut soudainement paraître vaine, dérisoire ou impossible lorsqu'une dissection trop fine de l'objet (une structure sociale, un habitus de pensée, un mécanisme économique, un processus de décision politique...) fait apparaître une complexité si déroutante qu'elle décourage ou annihile toute prétention d'y changer quoi que ce soit. La lucidité désarçonne la volonté, désactive l'engagement, désamorce la motivation militante. Les militants ne sont d'ailleurs pas dupes de ce paradoxe. De là leur méfiance à l'égard des intellectuels. Agir, c'est toujours choisir, c'est-à-dire trancher et simplifier. Toute action modificatrice exige une réduction partielle de l'objet, soit un déni de connaissance et peut-être même un zeste de naïveté. Ici aussi, se joue une scène similaire à celle du théâtre linguistique : la « performance » suppose une amputation partielle de « compétence ». C'est cette intuition qui inspire Georges BATAILLE et Cornélius CASTORIADIS. Le premier, lorsqu'il souligne l'inévitable tension entre démarches de « mise en action » et de « mise en question ». Le second, quand il oppose « visée d'élucidation » et « visée de transformation », finalités opérant chacune au départ de prémisses inconciliables. Tout se passe, en définitive, comme si le sujet observateur-acteur se voyait sommé de choisir le registre d'inscription de sa démarche (scientifique OU militant), parce qu'il bute sur leur incompatibilité. « Comment la fonction de décision (qui est la finalité essentielle du pouvoir), dit Jean BAUDRILLARD, "pourrait-elle s'exercer sans une simplification des mécanismes mentaux"[3]. André COMTE-SPONVILLE surenchérit en faisant de cette séparation entre savoir et pouvoir (d'action) une condition indispensable à la démocratie. "Si les plus puissants étaient les plus savants et réciproquement, il y aurait grand risque que nous finissions par prendre le pouvoir pour une preuve ou une démonstration

---

[3] J.BAUDRILLARD, **Cool Memories,** Editions Galilée, Paris 1987 et 1990, p.107.

pour un ordre, et c'en serait fini de la démocratie (qui veut que le pouvoir appartienne non à ceux qui ont raison mais aux plus nombreux) et de la liberté d'esprit (qui veut que la raison n'appartienne à personne, fut-ce à ceux qui ont le pouvoir ou le nombre)." Et de poursuivre : "Une vérité, cela ne se vote pas. C'est dire que la connaissance ne saurait pas plus tenir lieu de démocratie (contrairement au rêve des technocrates) que la démocratie ne saurait tenir lieu de connaissance (contrairement au fantasme des démagogues)" et de rappeler que Pascal fut le premier à poser que savoir et pouvoir appartenaient à des ordres distincts.[4]

Schématiquement :

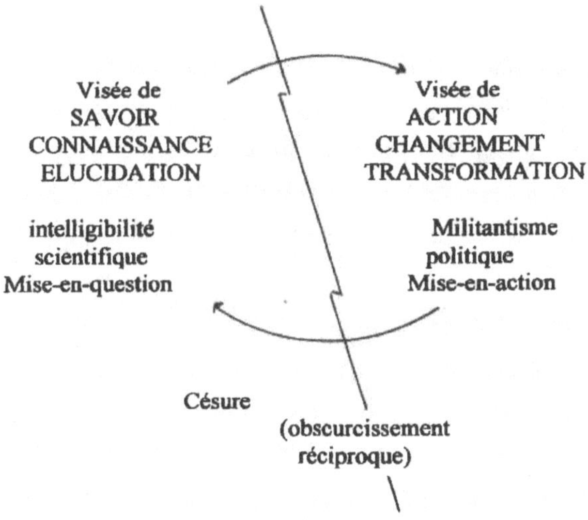

(Fig.4)

On peut tirer de tout ceci l'enseignement suivant : toute opération de distanciation s'épuise dans la recherche erratique, tâtonnante, trébuchante, d'une « distance optimale », ligne de

---

[4] A.COMTE-SPONVILLE, **Valeur et Vérité,** Paris, PUF 1994 p.171

crête serpentant entre deux abîmes redoutables, celui d'une distance trop courte où la pensée subit tellement la gravitation de l'action qu'elle finit par s'écraser sur sa surface, celui d'une distance trop grande où la pensée prend un tel envol qu'elle finit par « décrocher » du réel et tourner à vide.

Cette dialectique inclusive/exclusive entre le « savoir » et le « pouvoir » est le dilemme de l'intellectuel confronté à l'obligation morale de prendre parti (poser un choix) et à l'impossibilité de le faire... sans se nier, partiellement du moins, comme intellectuel. C'est ce paradoxe aussi qui taraude le psychothérapeute ou le psychanalyste lorsqu'il constate, contre l'évidence première, que toute avancée dans le savoir sur la psyché, loin de se traduire par une avancée dans le pouvoir de la guérir ou de la soulager, devient parfois contre-productive et qu'elle s'accompagne d'une régression de sa puissance thérapeutique. Lorsque le savoir épistémologique du praticien (connaissance de ses propres processus de pensée et des principes constructeurs de sa théorie) s'approfondit, il lui révèle la partialité de ses modèles théoriques, leurs insuffisances, voire parfois leur indigence. Il induit chez lui une suspicion légitime dont l'effet est de saper sa confiance dans les outils qu'il utilise et finalement de paralyser son action curative. Cette loi se vérifie aussi côté patient. Quand le savoir psychologique s'insinue de façon trop persuasive dans son esprit et dans son discours, il finit par bétonner ses mécanismes de défense. C'est pour cette raison, sans doute, que les patients les plus retors sont les psychologues eux-mêmes. C'est pour cette raison aussi que de nombreux analystes déconseillent aux analysants toutes lectures relatives à la psychanalyse pendant la durée de leur cure. René PIRARD de conclure : « plus un discours théorique s'émancipe, devient spéculatif et plus il parasite l'objet investigué. »[5].

5. Le paradoxe de l'existence

Enfin, si le principe d'incertitude joue sa partition sur les claviers du langage (linguistique) et de la connaissance (épistémologie), il la joue aussi sur ceux de l'être (ontologie) et de l'existence (phénoménologie).

L'être humain, pris isolément, peut être défini comme un « quantum d'existence ». À l'instar de l'objet microphysique qui s'accorde tantôt au diapason du continu (onde), tantôt à celui du discontinu (corpuscule), il existe tout à la fois sur le mode de la continuité et sur celui de la rupture. Il s'alimente de stabilité et de changement, d'identité et d'altérité. Il oscille en permanence entre les exigences impérieuses de besoins contradictoires : affirmation vigoureuse de sa différence jusqu'à la déviance, aspiration désespérée à l'appartenance jusqu'au grégarisme ; fermeture à autrui jusqu'au repli solipsiste, ouverture à la communication, à la coopération, à la communion, jusqu'à la symbiose fusionnelle et la perte d'identité. Tantôt persévérant dans son être (perpétuation)[6], tantôt s'ouvrant à son devenir (effectuation), il est à la fois « sapiens » (sagesse) et « démens » (folie), siège d'aspirations élevées et nœud gordien d'instincts triviaux.

---

[5] R.PIRARD, **Anthropies : Prolégomènes pour une anthropologie clinique,** De Boeck, Bruxelles 1991 p.65.

[6] LEVINAS se plaît à répéter que le plus grand événement de l'histoire de l'univers est l'apparition de l'humain, c'est-à-dire l'interruption de la pure persévération de l'être dans son être. C'est effectivement, pour S.MOSCOVICI, ce qui caractérise l'espèce humaine : le fait qu'elle soit la seule espèce « socialement innovatrice », c'est-à-dire... politique.

Mais ces contradictions sont des contradictions ouvertes. L'exclusivité de leurs termes n'est pas absolue. Chacun d'eux tout à la fois nie l'autre et, dans le même temps, l'appelle. C'est en s'ouvrant à l'un des aspects qu'on peut entrevoir l'aspect opposé. Exemples ? Poètes, philosophes et gens du voyage intérieur nous en proposent à foison.

Opposition dedans/dehors. « C'est au-dedans de soi qu'il faut regarder le dehors » (V.HUGO). « Toute descente en soi est en même temps assomption vers la réalité extérieure » (NOVALIS). Comme dans la bande de Moebius, intériorité et extériorité cessent de s'opposer pour se conjoindre en un nouage continu. Dans la sphère relationnelle, plus je suis en contact avec moi-même, mieux je suis en lien avec l'autre, avec les autres, avec le monde. C'est en me libérant de mes propres chaînes, que je puis espérer aider les autres à se libérer des leurs. C'est en étant à l'écoute de mes propres besoins, que je puis entendre ceux des autres. Le respect d'autrui se nomme « tact ». Il suppose le respect de soi qui se nomme « pudeur », comme l'amour altruiste suppose l'amour préalable de soi.

Opposition passé/devenir (axe temporel). « Les vrais hommes de progrès sont ceux qui ont pour point de départ un respect profond du passé » (Ernest RENAN). « Pour exister en tant qu'homme, l'être humain a besoin à la fois de racines et de projets. Sinon, le passé n'éclairant plus l'avenir, l'esprit marche dans les ténèbres » (A.de TOQUEVILLE). « Toute exploration du devenir débute par une démarche d'involution et de régression » (G. BACHELARD). On ne peut mieux exprimer le tempo de la transformation psychique qui s'effectue en cours de psychothérapie ou de psychanalyse. Pour accéder à un avenir meilleur, ne faut-il pas d'abord revenir sur son passé, le ramener à la mémoire, le nettoyer de ses scories, se le réapproprier ?

Opposition haut/bas (axe spatial). A. DE WALHENS décrypte l'être de l'homme comme « ouverture au départ d'un enracinement ». Il fait ainsi écho à la puissante inspiration de NIETZSCHE : « Plus il veut s'élever vers les hauteurs et la clarté, plus profondément aussi ses racines s'enfoncent dans la terre, dans les ténèbres de l'abîme ». Pour le philosophe Robert LEGROS, le couple d'opposés fondateur de l'idée d'Humanité, n'est pas tant le couple Lumières/Ténèbres que le couple enracinement/arrachement. C'est en s'enracinant dans une culture particulière que l'homme peut dans le même temps s'arracher à la Tradition et conquérir son émancipation. Loin de s'opposer diamétralement, ces deux mouvements se conditionnent mutuellement. Pour cet auteur, c'est un des apports essentiels (et un des paradoxes les plus étonnants) de la philosophie romantique que d'avoir explicité ainsi le principe d'**indissociabilité des contraires**. L'ancrage (« *grounding* ») conditionne l'assomption (« holding »). Autrement dit, l'esprit libre et aérien marche les pieds sur terre. Pour monter, il faut descendre, pour s'élever vers les cimes (s'émanciper), il faut s'enraciner dans l'humus[7]. Notons d'ailleurs que « humus » et « humain » ont la même racine étymologique.

Ces quelques considérations nous rabattent sur une autre opposition classique : la question du Moi et du non-Moi évoquée tout à l'heure, ainsi que la question subséquente de la **conscience de soi**.

Ici aussi, la conscience que nous avons de nous-mêmes n'est-elle pas, par nature, une conscience ambiguë ? « Fausse conscience » ou « "conscience réifiée" (J.GABEL) ? "Mauvaise conscience" (V.JANKELEVITCH) ? En tout cas... double conscience : conscience de la constance de mon être à travers les tourments de ma propre histoire, conscience aussi que le JE d'aujourd'hui n'est plus tout à fait le JE d'hier et ne sera pas le JE de demain. Identité mêlée d'altérité sur l'axe diachronique donc (je change au cours de ma propre histoire),

---

[7] R.LEGROS, **L'idée d'Humanité,** Paris, Grasset 1990 p.47 et suiv.

mais aussi sur l'axe synchronique. A chaque moment de mon existence "JE est un autre". En posant cette assertion, A.RIMBAUD porte l'entreprise de déconstruction au cœur même de notre identité. Il en subvertit l'illusion de constance, il bat en brèche la fiction rassurante du Moi unifié. "Je" n'est pas un "je" monolithique, mais "une nébuleuse d'énergies momentanées dans un processus de fission sans relâche"[8]. Georges STEINER établit un parallélisme audacieux entre cette intuition et la physique des "trous noirs" lorsqu'il écrit : "la pulvérisation qu'opère RIMBAUD de la cohérence psychique en fragments chargés d'énergie centrifuge et transitoire correspond non seulement aux découvertes modernes de la physique des particules, mais aussi, de manière plus urgente, aux spéculations relatives à l'antimatière." Et d'ajouter : "la sémantique de l'absence et la physique des 'trous noirs' et de l'antimatière auraient été également abhorrées par Descartes"[9]. Elle est, de fait, très éloignée du Cogito qui postule l'unité, la constance et la cohérence de la première personne du singulier. "Je" est un "autre". C'est "l'autre ou les autres qui surgissent des rébellions ténébreuses de la conscience divisée"[10]. Ceci rejoint l'intuition freudienne du Moi clivé ("*Ich-spaltung*") au prise avec des injonctions contradictoires et souvent incompatibles. J.LACAN, pour sa part, a longuement commenté cette évocation de toutes les figures significatives qui, en moi, parlent de moi, parlent par moi. Rappelons qu'il définit l'inconscient comme le "discours de l'Autre", soit ce discours étranger, composté à partir des attentes inavouées, désirs inconscients, peurs enfouies de mes parents et des instances sociales, discours qui me possède, me capture (me rend captif !), avant même ma conception. Certes, je puis m'en dégager. Certes, je puis accéder à l'autonomie et à la liberté

---

[8] R.STEINER, *op.cit.* p.129
[9] R.STEINER, *op.cit.* p. 128
[10] R.STEINER, *op.cit.* p.129

(au statut de “sujet”). Comment ? Dans la sphère psychique, en substituant mon propre discours au “discours de l’Autre”. Dans la sphère sociale, en opposant une résistance résolue aux discours dominants et aux corsets des codes sociaux. C’est cette résistance à la pression des discours et des modes dominants que j’ai nommée ailleurs : l’ » acte rupteur »[11].

Mais ce processus a sa limite. Car du passé, impossible de faire table rase ! L’autonomie n’est pas une évacuation pure et simple, une vidange, une substitution sans résidus. Il n’y a jamais d’élimination totale, de révocation définitive de l’hétéronomie, c’est-à-dire de la soumission à la loi du groupe. La loi du groupe (l’ » ordre symbolique » c’est-à-dire le langage, les liens de parenté, les interdits fondamentaux, la différence des sexes, des générations...) nous précède. Elle s’impose à nous ABSOLUMENT et sans notre consentement. Elle ne nous laisse pas le choix (nous ne choisissons ni notre sexe, ni notre nom, ni notre famille, ni notre culture). Dès lors, pas plus que la liberté, l’autonomie n’est jamais totale. **Il y a tout au plus élaboration possible d’un autre rapport entre hétéronomie et autonomie**. Cela dit bien ce que cela veut dire : le JE autonome, ou plutôt le JE qui vise son autonomie, « n’est pas Soi absolu, monade qui nettoie et polit sa surface extéro/interne pour en éliminer les impuretés apportées par le contact d’autrui ; il est l’instance qui réorganise constamment les contenus (du discours) en s’aidant de ces mêmes contenus... Il ne peut exister de vérité propre du sujet au sens absolu. La vérité propre du sujet est toujours participation à une vérité qui le dépasse, qui s’enracine et l’enracine finalement dans la société et dans l’histoire »[12]. L’existence humaine est donc quête erratique de soi et réorganisation continue du rapport entre soi et le monde. Comme un funambule, elle vacille sur une corde raide au croisement des

[11] P.TRAUBE, **L’Acte-Rupteur**, Ediivre, Paris 2020
[12] C.CASTORIADIS, *op.cit.* p.146.

multiples discours et des appartenances plurielles qui la déterminent. Michel SERRES propose le « manteau d'Arlequin » comme métaphore de ces appartenances multiples dont nous sommes le produit inachevé. Ce manteau est un vêtement bariolé, tissé de morceaux disparates cousus ensemble sans grand souci d'unité. Mais ce manteau ne nous recouvre pas. Il est notre étoffe.

Dans les sciences du « vivant » et du « conscient », le « principe d'indétermination » nous commande donc de rendre compte d'une réalité foncièrement ambiguë et imprévisible. Il nous enjoint de nous outiller l'intellect pour assumer cette part d'indécidabilité qui marge toute chose et nous oblige à côtoyer l'imprécision plutôt que de l'exorciser à tout prix. Nous devons apprendre à suspendre notre jugement, ne fut-ce qu'un temps, accepter l'inconfort de la question posée. Comme nous y invite Edgar MORIN, il faut voir dans la contradiction et l'aléa « non plus l'avertisseur de l'erreur et du faux, mais l'indice et l'annonce du vrai »[13]. **Il faut passer de la science (compliquée mais rassurante) des mécanismes clos, réversibles et prévisibles à la science (complexe et inconfortable) des processus ouverts, ouverts sur l'incertain.**

---

[13] E.MORIN, **La Méthode II : La vie de la vie.** Seuil, Paris 198O.

CHAPITRE 4.

LE DESORDRE ORGANISE L'ORDRE. L'INSTABLE GENERE LE COMPLEXE

1. Les structures dissipatives

Le chimiste belge Ilya PRIGOGINE a obtenu le Prix Nobel en 1977 pour sa contribution à la thermodynamique du non-équilibre. Sa théorie des « structures dissipatives » marque une avancée importante et bouleverse les connaissances antérieures issues de la mécanique newtonienne. Dans l'histoire de la science du XXe siècle, elle s'inscrit dans le prolongement des principes de « désordre organisateur » et de « chaos créateur » introduit par J. VON NEWMAN et H. VON FOERSTER[1].

De quoi s'agit-il ?

Considérons une machine artificielle (par exemple, un moteur de voiture). Toute perturbation qui l'affecte (un carburateur qui se bouche, une courroie qui lâche, un joint qui fond...) a pour effet d'enrayer le fonctionnement de l'ensemble. Toute erreur, toute anomalie, tout désordre, tout « bruit » produit une panne, augmente l'entropie du système et précipite sa dégradation (sa mort). La machine présente donc

---

[1] H.VON FOERSTER/G.W.ZOPF, **Principles of self-organization,** Pergamon Press, New York 1962.
J.VON NEUMANN, **Theory of self-producing automata,** University of Illinois Press, Urbana 1966.

une faible fiabilité d'ensemble, alors que ses éléments constitutifs (vis, écrous, joints, bielles, pistons...) s'avèrent extrêmement fiables et résistants (difficile de casser un écrou ou de fondre un piston !). Nous sommes donc en présence d'un système d'une grande fragilité reposant sur des éléments constitutifs peu dégradables. Les organismes vivants (machines « naturelles »), présentent les caractéristiques inverses. Eux aussi connaissent des « ratés » et des dysfonctionnements. Mais à la différence des machines artificielles, ils peuvent fonctionner avec/malgré ceux-ci. Ils sont capables de s'auto-organiser pour surmonter et compenser les « pannes » qui les surprennent (exemple : si un rein se nécrose, l'autre compense). Ils offrent donc une grande fiabilité d'ensemble, alors que leurs unités constitutives sont soumises à dégradation permanente (nos cellules et nos tissus meurent et se renouvellent continuellement). Cela veut dire que les systèmes vivants utilisent l'entropie pour s'en nourrir et évoluer. Ils s'autoproduisent sans discontinuer, en s'alimentant de leur propre mort. Entre les systèmes artificiels et les systèmes vivants, le rapport de fiabilité Tout/Parties s'inverse donc.

Faut-il en conclure que la capacité d'auto-réorganisation serait une propriété exclusive des « machines biologiques » alors que les systèmes physiques seraient irrémédiablement condamnés à l'immuabilité de leurs constituants et au déterminisme de leur genèse ? Non ! Les recherches d'I.PRIGOGINE en thermodynamique du non-équilibre le démontrent[2].

L'étude des systèmes moléculaires témoigne en effet de ce que certaines fluctuations internes, loin de régresser et de s'évanouir, tendent à s'amplifier et à envahir l'ensemble du système. Au-delà d'un seuil donné, celui-ci modifie son

---

2 I.PRIGOGINE/I.STENGERS, **La Nouvelle Alliance,** Paris, Gallimard 1979 et **Entre le temps et l'Éternité,** Paris, Fayard 1988.

régime de fonctionnement et se comporte d'une manière qualitativement différente des systèmes thermodynamiques usuels. Il échappe au « principe d'ordre » de BOLTZMANN[3]. Il connaît une dissipation d'énergie et de matière qui, au lieu de produire de l'entropie, produit de nouvelles modalités de comportements, voire même de nouveaux états de matière. Son évolution échappe aux lois déterministes. En quelque sorte, elle s'autonomise. On appellera « seuil d'irréversibilité » le point au-delà duquel le système opère un saut qualitatif, devient qualitativement autre, sans possibilité de retour à son état initial. On appellera « point de bifurcation » le point où le système « choisit » entre deux modes de fonctionnement ou deux chemins d'évolution. Ce point correspond généralement à une fluctuation ou une perturbation minime qui éloigne le système de son état d'équilibre, à une variation infinitésimale à partir de laquelle un nouvel état macroscopique devient possible. Cela revient à dire que **c'est de l'écart par rapport à l'équilibre que naît la « liberté » des systèmes, c'est-à-dire leur possibilité de se renouveler ou de se redynamiser**. Loin de produire de la dégénérescence (entropie), la perturbation crée le renouveau et la complexification (néguentropie). Les systèmes physiques n'évoluent pas inéluctablement vers l'état d'équilibre, mais puisent, au contraire, dans leur instabilité leur capacité à se transformer.

On a pu montrer dans la même foulée que certains ensembles se comportent au point de bifurcation, non comme un ensemble d'éléments anarchiques, mais comme un tout organisé. Ils ressemblent à ces bancs de poissons qui se déplacent en mouvements parfaitement synchronisés, offrant au plongeur la vision d'une sorte d'organisme unique. Ainsi, dans les systèmes microphysiques, au sein de l'atome, les choses se passent comme si chaque élément était « informé »

[3] Le « Principe d'ordre de Boltzmann » est le principe selon lequel, au sein d'une population comportant un grand nombre d'éléments, l'activité moyenne correspond au nivellement des comportements individuels.

de l'état de l'ensemble, alors que la distance qui les sépare n'autorise aucune transmission d'information. Il peut s'en suivre que des effets strictement locaux, loin de s'annuler mutuellement, se répercutent sur la globalité du système et se propagent éventuellement jusqu'au chaos. Mais ce chaos est doté de la propriété de faire émerger de nouvelles structures. On parlera alors d'un « chaos organisateur », permettant à la matière d'évoluer vers des états de plus en plus complexes.

Qu'en est-il dans le domaine des sciences humaines et sociales ?

2. Homme sage, homme fou, homme... double

Rendre compte de la réalité de l'homme, c'est rendre compte de son caractère éminemment contradictoire. Une de ces contradictions - et non des moindres- est sans doute cette double nature d' » homo », tout à la fois « sapiens » et « demens ». Duplicité foncière, Janus au visage dédoublé, il participe à la fois de la raison et de la folie, de la sagesse et de la fureur, de la mesure et de la démesure, de la construction (production) et de la destruction (anti-production).

Mais attention ! Ici encore, cette duplicité est plus qu'une simple contiguïté des opposés, qu'une banale oscillation pendulaire entre tendances extrêmes. Les grandes traditions de l'humanité l'affirment et l'observation quotidienne le confirme : chaque terme contient en germe son opposé. Il y a une part de folie dans toute sagesse et une part de déraison dans toute raison. Inversement, aucune démesure, aucun déchaînement, aussi enfiévré fut-il, n'est exempt de rationalité et la folie, aussi dévastatrice fut-elle, se déploie selon une logique qui lui est propre[4]. La relation entre ces deux versants de l'être n'est pas une simple coexistence des contraires. Elle est conjonction plutôt que connexion. En outre, elle est régie par les lois d'une arithmétique à sommation non nulle : un gain d'un côté ne se traduit pas nécessairement par une perte de l'autre mais seulement par une potentialisation provisoire. Concrètement, cela signifie que « sapiens » (sagesse) ne dissipe jamais « *demens* » (folie). Tout au plus, le refoule-t-il à quelques encablures. Cette relation ressemble à la dialectique subtile que décrit le philosophe Stéphane LUPASCO sous le nom d'« antagonisme fort » (nous y reviendrons). Les deux polarités s'actualisent et se potentialisent mutuellement, de telle sorte que, loin de s'annuler, soit elles s'équilibrent l'une l'autre, soit elles s'affrontent avec une puissance de même ampleur. Leur force absolue est alors directement (et non inversement) proportionnelle. Ainsi, production et anti-production sont co-présentes et leur puissance respective croît symétriquement.

Prenons l'exemple du langage. On l'a vu, les hommes se distinguent des animaux en ce qu'ils communiquent entre eux au moyen de sons articulés qui forment des mots et des phrases. Mais les mots se vouent à la vie comme à la mort. Ils sont des armes à double tranchant et si le « logos » construit l'homme, il a aussi le pouvoir de le déconstruire. « Dans les mots, comme dans la physique des particules, il existe une matière et une antimatière », constate Georges STEINER. « La construction et l'annihilation existent côte à côte. Les

[4] "Si la rationalité scientifique peut parfois fonctionner comme un mythe, c'est probablement parce que les mythes peuvent fonctionner avec une rationalité qui leur est propre » (H.ATLAN, **A tort ou à raison,** Paris, Seuil 1986, p. 17), puis, plus loin (p.171) : « L'idée selon laquelle le délire serait une projection inadéquate de notre pensée sur la réalité tandis que la pensée non délirante (parce que rationnelle, donc vraie) serait l'expression directe de cette réalité, est des plus naïve et ne résiste pas à l'analyse des processus de théorisation quels qu'ils soient, scientifiques ou non ».

parents et les enfants, les hommes et les femmes, sont en extrême danger lorsqu'ils se font face au travers d'un échange de paroles. Un seul mot suffit à paralyser une relation humaine, un seul mot suffit pour salir l'espoir. Les poignards de la parole tranchent au plus profond de l'âme. Et pourtant, ce même instrument lexical, syntaxique, sémantique, exprime la révélation, l'extase, le miracle de compréhension qu'est la communion, la connivence, la complicité. Réciproquement, le langage qui peut donner forme à l'éthique de Socrate, aux paraboles du Christ, aux constructions magistrales de l'être chez Shakespeare ou Hölderlin, est capable, précisément en vertu de ses potentialités sans limites, d'organiser et de décréter les camps de la mort et de faire la chronique des chambres de torture. La virtuosité langagière propre au charlatan, et qui était aussi celle de Hitler, est de l'antimatière, elle donne forme à un anti-logos, qui conceptualise, puis met en exécution, la déconstruction de l'humain »[5]. Ceci rejoint à coup sûr notre expérience quotidienne. Qui n'a jamais palpé ce redoutable pouvoir des mots ? Qui n'a jamais été victime de leur impact mortifère ou, au contraire, impulsé par leur puissance mutative et exaltante ? Puisque les paroles suscitent l'amour ou instillent la haine, évoquons un autre registre foncier de l'expérience humaine, à savoir celui des sentiments, sympathie et antipathie, attraction et répulsion. Sur ce registre aussi, plane comme une ombre l'esprit de la « raison contradictoire ».

Il est de notre pouvoir de vérifier dans notre propre vie cette surprenante intimité entre sentiments opposés, cette étrange connivence entre amour et haine au sein d'un même lien. La sagesse populaire n'en fait pas mystère. Elle sait que la distance est courte entre ces deux états de l'âme. Pourtant, il a fallu un temps très long à la conscience occidentale pour comprendre que les sentiments humains échappaient à la

---

[5] G.STEINER, *op.cit.* p.83.

logique disjonctive d'ARISTOTE et notamment au principe du tiers-exclu selon lequel une chose ne peut être elle-même et son contraire. Il lui a fallu un temps très long pour saisir que la loi fondamentale de la vie affective était une loi d'ambivalence. L'histoire des concepts psychologiques en témoigne. La loi d'ambivalence fut introduite dans la théorie et la pratique clinique par la porte de l'asile, c'est-à-dire par le biais des états pathologiques (E.BLEULER, P.JANET). Il faudra attendre S.FREUD, C.G.JUNG, R.SPITZ et D.WINNICOTT pour dé-pathologiser ce principe et le promouvoir au titre de loi structurelle, non contingente, constitutive de l'intersubjectivité normale. Ce glissement réalise, en fait, une avancée importante vers une saisie plus franche de la complexité inhérente à l'ordre psychique. « En découvrant ainsi la fécondité de la notion d'ambivalence », note J.J. WUNENBERGER, « la raison contemporaine s'écarte insensiblement de sa tendance à enfermer toute réalité dans une identité simple et statique, et se donne un moyen nouveau pour penser l'interdépendance circulaire des propriétés du réel »[6].

D'une manière générale, ce type de contrariétés (ordre/désordre, raison/folie, création/annihilation...) semble caractériser la plupart des systèmes complexes, leur état présent et leur devenir. Qu'il s'agisse de genèse individuelle ou collective, de cosmogenèse, de sociogenèse, de psychogenèse, il n'est plus aujourd'hui, de science ou de pratique politique qui puisse en faire l'économie.

---

[6] J.J.WUNENBERGER, **La raison contradictoire,** Albin Michel, Paris 1990, p.107

3. Le déséquilibre comme condition d'émergence du cosmos et de l'humain.

LEIBNIZ se demandait : pourquoi y a-t-il quelque chose plutôt que rien ? Beaucoup de penseurs après lui se sont attelés à la question subséquente : pourquoi les choses évoluent-elles au lieu de rester statiques ? Qu'est-ce qui les fait changer et changer dans un sens donné ? Quelle loi régit la genèse historique du monde ? Une réponse à cette question ardue nous est proposée, non par un docte traité, mais par un petit jouet, un jouet qui connut jadis un certain succès auprès des enfants et des adultes. Le jeu de Taquin consiste à faire glisser sur une plaque des petits carrés (numérotés ou individualisés par une lettre imprimée) étroitement juxtaposés pour qu'ils s'ordonnent en suite logique ou autorisent la construction de mots. Dans ce jeu, qu'est-ce qui permet aux petits carrés de se mouvoir sur leur support ? L'existence d'un emplacement vide. Sans lui, chaque carré serait condamné à l'immobilité définitive. De nombreux penseurs estiment qu'une des conditions de possibilité de la genèse d'un système est la présence du vide au sein de celui-ci. Il en irait des lois d'évolution comme du jeu de Taquin. En cosmogenèse, à quoi ressemblerait ce vide fondateur, cette vacuité génitrice, ce « blanc » matriciel ? Sans doute à la rupture d'un ordre antérieur, un schisme différenciateur ou un accident. Pour W.HEISENBERG, la différenciation originaire du monde (le fait que les particules élémentaires, comme les objets cosmiques, ne se ressemblent pas) serait fondée sur une rupture de symétrie introduisant une information nouvelle au sein du chaos primitif[7]. Pour R.CAILLOIS, l'univers ne peut s'inscrire dans une histoire que s'il dispose dans ses structures d'une asymétrie foncière. Autrement dit : si le monde était intégralement équilibré ou radicalement symétrique, il

[7] W.HEISENBERG, **La Partie et le Tout,** Albin Michel, Paris 1970

n'existerait pas[8]. **Encore et toujours, c'est une cassure d'équilibre qui permet aux choses d'évoluer plutôt que de rester statiques.**

Ce qui est vrai pour la cosmogenèse (histoire de l'univers) l'est aussi, semble-t-il, pour la sociogenèse (histoire des sociétés). Tout ordre historique impliquerait, dans sa structure également, une vacuité, une faille, une défaillance qui en constituerait le creuset. « Sans déchirement », écrit J.CAZENEUVE, « il n'y a point de départ pour l'histoire »[9]. Les révolutions, les chocs insurrectionnels, les coups d'État sont les figures emblématiques du déchirement dans l'histoire des peuples. Le vide du pouvoir crée un appel d'air qui force les sociétés à se réorganiser autour d'un nouveau pouvoir, d'un nouveau leader (la nature a horreur du vide !), quitte à le destituer aussitôt après. De nombreux historiens pensent ainsi que les guerres sont des vecteurs de progrès.

De cette assise initiale, en tout cas, les lois d'évolution garderont l'empreinte. Elles demeureront marquées par la dynamique des contraires. L'histoire de l'humanité corrobore cette intuition.

a/ Le Principe de Négativité.

Le constat est banal. Le mal adhère au bien comme l'ombre à l'objet, la mort à la vie. En s'édifiant, une civilisation ensemence ses germes dissolvants. Plus elle se déploie dans le sens du progrès, plus elle affine sa capacité de destruction. Il ne faut pas porter le regard très loin. La civilisation occidentale nous en fournit l'exemple probant. Porteuse non seulement du progrès scientifique et technologique, mais aussi des plus hautes valeurs humanistes (idéal démocratique, respect de la vie, droits des individus, protection des plus

---

[8] R.CAILLOIS, cité par WUNENBERGER, *op.cit.* p.273.
[9] M.CAZENEUVE, **Bonheur et Civilisation,** Gallimard, Paris 1966.

faibles...), elle a fomenté en son propre sein des moyens d'anéantissement sans précédent et sans appel (arsenaux nucléaires, armes de destruction massive). Dans l'attente et en guise de répétition, elle a accouché voici plus d'un demi-siècle de l'abjection absolue : l'holocauste. D'une politique, on attend évidemment un résultat. Mais le résultat obtenu est toujours entaché de son contraire. L'« effet pervers » n'est pas un avatar accidentel, une dérive calamiteuse. Il est consubstantiel à la vie sociale. Des décisions généreuses accouchent d'effets catastrophiques. Des initiatives vertueuses déclenchent à terme des mécaniques vicieuses. Comme des trains fous lancés dans la nuit, les processus s'emballent, échappant au contrôle de ceux qui les ont initiés. Max WEBER parle du « paradoxe des conséquences ». L'histoire humaine, dira F.ENGELS, est une histoire des fins non voulues et les résultats réels y sont rarement conformes aux intentions explicites des acteurs sociaux. Tous deux traduisent ainsi le « principe de négativité » d'HEGEL, selon lequel toute action porte en elle son contraire. À l'instar d'une pièce de monnaie, il est impossible de dissocier l'avers et le revers. Mais HEGEL s'inscrivait dans une mythique idéaliste. Il confinait ce principe au monde des idées, au déploiement de l'Esprit dans l'Histoire. Il semble que nous devions aujourd'hui élargir la focale, en étendre le champ d'application, l' » écologiser », c'est-à-dire le resituer dans le rapport intime qui unit la logique d'un système et le contexte dans lequel ce système se déploie. En réalité, le Principe de Négativité entache toute forme d'action sur/dans le monde. Qui veut une chose, obtient son contraire. Et cela aussi, nous le vérifions chaque jour. Dans la pratique de la communication interhumaine, nous voulons déployer bienveillance ou consolation et nous obtenons explosion de colère ou torrent de larmes. Un cri pathétique ponctue ce constat navrant : je n'ai pas voulu ça ! Nous ne l'avons pas voulu, mais nous l'avons produit. Il en va de même dans la gestion de la Cité. Comme chacun sait, bonne politique ne rime pas toujours avec bons sentiments. Il arrive que des politiques progressistes apparaissent avec le recul comme facteurs de régression. Il arrive que les volontés sincèrement démocratiques accouchent, à terme, de conséquences fascisantes. Il arrive que l'exaltation des libertés, fasse le lit des courants les plus liberticides. Reprenant à son compte l'expression d'Abraham MOLES (MOLES 1974), Edgar MORIN promeut une « écologie de l'action » (MORIN 1980), dont un des axiomes fondamentaux serait précisément un « principe d'incertitude » : **les ultimes conséquences d'un acte donné sont non prédictibles**[10]. De toute évidence, nous retrouvons dans cette assertion deux idées maîtresses du « nouveau paradigme » :

- l'insistance sur le lien subtil qui unit chaque expérience/événement au contexte dans lequel elle (il) s'insère (lien d'interdépendance et de détermination réciproque)

- la prise en compte de l'indétermination qui frange de manière incontournable et subvertit toute forme d'action, la frappant d'emblée de suspicion.

Si la science historique rompt aujourd'hui avec la métaphysique idéaliste de l'« intention » (c'est l'intention qui compte, c'est la volonté des acteurs qui mène le monde), elle rompt aussi avec le paradigme classique de continuité et de constance, c'est-à-dire la vision d'une histoire humaine qui se déroulerait selon un trajet linéaire depuis le chaos primitif jusqu'à la civilisation avancée. Elle travaille, dit Michel FOUCAULT, à « mettre en morceaux tout ce qui permettait le jeu consolant des reconnaissances »[11]. Tout, explicite Alain FINKIELKRAUT, c'est-à-dire « la permanence de l'être comme le devenir de l'esprit, la stabilité de la nature humaine

---

[10] E.MORIN, **La vie de la vie (Méthode II),** Seuil, Paris 1980, p.82/83

[11] M.FOUCAULT, **Nietzsche, la généalogie, l'histoire,** in Hommage à Jean Hyppolite, PUF, Paris 1971 p.160

aussi bien que le schéma linéaire d'une maturation ou d'un développement continu ». Et de poursuivre : « Des pratiques hétérogènes surgissent là où nous croyions avoir affaire à des invariants. Un kaléidoscope de différences s'offre à notre regard en lieu et place du processus ascendant auquel nous avions coutume d'identifier l'histoire. Les réalités que nous tenions pour naturelles sont constituées en objets historiques, mais surtout la chronologie elle-même est dégagée de toute perspective de progrès. Bref, les historiens déploient l'aventure humaine dans sa dispersion, au lieu de la ramener à une forme unique ou de l'inscrire sur une ligne évolutive. Et par cette **attention aux discontinuités**, par ce refus de soumettre le passé, le présent et le futur à une direction unique, par cette **essentielle désorientation de l'histoire** (c'est moi qui souligne), ils poursuivent dans le temps le même objectif que les ethnologues dans l'espace : faire justice, une fois pour toutes, de l'idée à la fois égocentrique et naïve selon laquelle l'homme est tout entier réfugié dans un seul des modes historiques ou géographiques de son être »[12]. C'est donc un patchwork de diversités culturelles que masquait l'insularité arrogante du monde occidental. C'est une mosaïque d'univers pluriels que cachait l'ancienne césure entre le « dedans » et le « dehors » de la civilisation, ce « dehors » étant identifié comme barbarie.

b/ Civilisation et barbarie.

« Chacun appelle barbarie ce qui n'est pas de son usage » (MONTAIGNE Essais 1-31). Le dehors de la civilisation se nomme communément « barbarie ». Qu'est-ce que la barbarie ? C'est le symétrique opposé de la civilisation, son moule en creux. C'est le chaos primitif, la magma informe,

---

[12] A.FINKIELKRAUT, **La défaite de la pensée,** Gallimard, Paris 1987 p.83-84 (les termes soulignés dans cet extrait le sont par moi. La dernière phrase est reprise à C.LEVI-STRAUSS).

l'État Zéro qui, historiquement, précède l'ordre et, ontologiquement, le nie. Or, une telle opposition tranchée relève précisément de cette anthropologie naïve à laquelle nous faisions allusion. Car, lorsqu'on y regarde d'un peu plus près, cette rassurante distinction prend eau de toutes parts. Le flambeau de la lumière n'abroge pas l'obscurantisme et le bistouri de la raison ne vient jamais à bout des abcès de folie purulents qui suintent du corps social. Mieux encore, l'outil peut changer de camp et le rationalisme dogmatique peut se muer en nouvel obscurantisme, en religion de la science[13]. Max WEBER avait prophétisé que les tensions résultant de la fin des monothéismes, que l'obsolescence des croyances et des pratiques religieuses, que l'exacerbation de la raison, que l'insécurité générée par le pluralisme des idées, auraient pour effet paradoxal de renforcer les forces irrationnelles tapies. Et c'est effectivement ce à quoi l'on assiste aujourd'hui, au États-Unis et en Europe. Aussi développée fut-elle sur le plan de la science et de la technique, aussi raffinée fut-elle sur celui des arts et des lettres, aucune civilisation à ce jour n'est parvenue à extirper l'irrationalité, la barbarie, la violence, la pulsion de mort, qu'elle porte en son sein. Dans le meilleur des cas, parvient-elle tout au plus à en désamorcer la virulence, à en contenir l'actualisation dans des limites acceptables pour l'individu et pour le groupe. Dans sa « Critique de la raison politique », R.DEBRAY écrit : « Il existe un rapport constant entre les facteurs dits de progrès et les facteurs dits de régression. L'histoire de l'humanité s'écrit sur un livre de

---

[13] J.C.GUILLEBAUD a démontré avec une impressionnante minutie que les avancées scientifiques les plus récentes en matière de génétique, d'informatique et d'économie instillaient subrepticement un véritable engouement religieux débouchant sur une mystique scientiste. Les manipulations du vivant et les espoirs nés du clonage, par exemple, transforment le biologiste en divinité créatrice. Le vide laissé par l'obsolescence des religions révélées se comble par une superstition scientiste substitutive. Voir J.C.GUILLEBAUD, **Le principe d'Humanité**, Paris, Seuil 2001.

comptabilité en partie double » (DEBRAY 1981). Autrement dit, il y a une colonne « actif » et une colonne « passif », puis aussi des choses qui passent en pertes et profits. Par ailleurs, il n'y a pas de progrès possible sans pro-jet c'est-à-dire sans projection de l'esprit dans un avenir non encore advenu, sans supputation anticipative sur ce devenir. Mais la relation projet/progrès est éminemment contradictoire, renchérit JP.BOUTINET : « Tantôt le projet est destiné à assurer la croissance dans ses aspects tant quantitatifs que qualitatifs (exemples : la prospérité économique), tantôt, dénonçant l'absurdité de cette croissance (le capitalisme sauvage), il entend se substituer au progrès pour pallier ses ambiguïtés »[14] (exemple : l'altermondialisation). Et de poursuivre en rappelant les propos de G.BALANDIER : « la généalogie de la pensée occidentale depuis l'époque des Lumières manifeste à la fois l'affirmation et la négation, l'avance conquérante et la critique ravageuse.[15] Il n'y a donc pas de linéarité évolutive absolue entre ce qui apparaît comme un début et ce qui ressemble à une fin. « La barbarie n'est pas un commencement », précise M.HENRY, « elle est toujours seconde à un état de culture qui la précède nécessairement, et c'est seulement par rapport à celui-ci qu'elle peut apparaître comme un appauvrissement et une dégénérescence »[16]. Dès lors, l'opposition ordre/désordre, cosmos/chaos, culture/barbarie, ne relève-t-elle pas d'une vue de l'esprit ou d'un pur fantasme ? Ne relève-t-elle pas, en tout cas, de l'ancien paradigme de disjonction ? Pour C.CASTORIADIS, assurément ! « Rien de ce que nous faisons, rien de ce à quoi nous avons affaire n'est jamais de l'espèce de la transparence intégrale, pas plus que du désordre moléculaire complet. Le monde historique et humain (c'est-à-dire sous réserve d'un point à l'infini, comme disent les mathématiciens, le monde

---

[14] J.P.BOUTINET, *op.cit.* p.84

[15] J.P.BOUTINET, *op.cit.* p.86

[16] M.HENRY, **La Barbarie,** Grasset, Paris 1987. p.13.

tout court) est d'un autre ordre. On ne peut même pas l'appeler "le mixte", car il n'est pas fait d'un mélange ; l'ordre total et le désordre total ne sont pas les composantes du réel, mais des concepts limites que nous en abstrayons, plutôt de pures constructions qui prises absolument deviennent illégitimes et incohérentes. Elles appartiennent à ce prolongement mythique du monde créé par la philosophie depuis vingt-cinq siècles et dont nous devons nous débarrasser, si nous voulons cesser d'importer dans ce qui est à penser nos propres phantasmes »[17]. On ne peut être plus clair : ordre et désordre ne sont que des concepts et encore des concepts limites qui sombrent dans la fiction, lorsqu'on les considère comme des opposés absolus. Dans l'histoire des hommes comme dans celle des particules, **Chaos (désordre) et Cosmos (ordre) s'engendrent réciproquement...** ***ad infinitum.***

4. Le déséquilibre comme point de départ de notre histoire personnelle

Si ce principe s'applique à l'histoire des hommes dans leur ensemble (l'humanité), il s'applique aussi, semble-t-il, à l'histoire de l'homme singulier. La psychogenèse, sur ce point, serait-elle en parfaite isomorphie avec la sociogenèse ? Sans doute ! Le déchirement où, selon M.CAZENEUVE, s'arrime l'histoire collective est aussi celui qui assied MON histoire, mon itinéraire personnel. Dès lors, il n'y a pas équivalence entre l'« homme sain » et l'« homme équilibré ». Contrairement à l'affirmation freudienne, la vie psychique ne s'épuise pas dans la quête de l'homéostasie et la recherche

---

[17] C.CASTORIADIS, **L'institution imaginaire de la société,** Seuil, Paris p.98.

obsessive de l'état d'équilibre, et cela ni en son début, ni en ses déploiements ultérieurs.

En son début. Les études les plus récentes sur la vie prénatale remettent en cause l'idée de « béatitude océanique » (sentiment de bien-être éprouvé par le fœtus dans le milieu utérin). On savait déjà, depuis O. RANK, que la naissance était une expérience heurtée, disruptive, traumatique. Mais il semble bien aujourd'hui qu'elle ne soit pas la première secousse sismique subie par le bébé. Loin d'être une continuité sans heurts, la vie intra-utérine s'accompagne d'un vécu subjectif marqué par l'inconfort, la discontinuité, le déséquilibre, le réaménagement constant des adaptations primitives. Cette primo-expérience préfigure le destin qui s'amorce. Il en conservera le souvenir. Il sera scandé par une succession d'événements rupteurs externes et internes, par une simultanéité de tensions tirant à hue et à dia. Kurt LEWIN fut un des premiers psychologues à avoir pressenti cette vérité. Toute vie relationnelle, selon lui, est fondée sur un équilibre conflictuel et une réorganisation permanente de la précarité. Lorsqu'un sujet se trouve aux prises avec deux tendances ou deux sentiments opposés, loin de camper sur un point central, loin de s'immobiliser à l'intersection, il oscille/vacille autour de ce point. Cette oscillation/vacillation n'est pas toujours observable. Sur le plan psychique aussi, une conduite harmonique continue (macroscopique) peut cacher une multiplicité d'états tensoriels discrets (microscopiques). Autrement dit, un macro-équilibre apparent peut camoufler une multitude de micro-déséquilibres[18]. C'est ce qu'on nomme un état « métastable ». FREUD avait indiqué le chemin : à toute pulsion (pulsion de vie) correspond une contre-pulsion (pulsion de mort), à tout investissement de la libido (exemple : intérêt sexualisé pour la zone anale)

---

[18] Notons au passage que cette pensée du dynamisme antagoniste et de l'équilibre tensoriel, est déjà présente à un très haut degré chez HÉRACLITE (V s. AC).

correspond un contre-investissement (dégoût pour l'activité fécale). La normalité psychique est faite de ballottages incessants. Il y a plusieurs « moi » en moi et ces « moi » ne coexistent pas pacifiquement.

Le conflit n'a rien d'accidentel, il est constitutif de l'être humain.

Dans les années dix-neuf-cent-soixante, le philosophe Gilles DELEUZE et le psychanalyste Félix GUATTARI s'associeront pour creuser ce raisonnement. Certes, le « principe de négativité » agit dans la psyché individuelle comme il agit dans l'histoire collective. Mais pas seulement à la manière dont FREUD le pensait. Pour celui-ci, l'antagonisme des pulsions et des contre-pulsions est coiffé d'un mécanisme homéostatique visant la réduction des tensions et le retour à l'équilibre. Selon Deleuze et Guattari, les tensions ne s'évanouissent jamais, rendant impossible toute synthèse harmonieuse des opposés. Quant à l'inconscient qui est le siège de ces processus, il est bien plus que le réservoir des produits du refoulement, bien plus qu'un simple moule en creux, qu'un négatif passif de quelque chose d'autre qui s'appellerait le « conscient ». En réalité, **l'inconscient s'autoproduit de manière incessante comme instance active d'anti-production**. Pour comprendre cet énoncé quelque peu énigmatique, il faut se rappeler que DELEUZE et GUATTARI opposent deux types de « machines » : les « machines techniques » et les « machines désirantes ». Ces deux sortes de mécaniques diffèrent essentiellement par leur régime respectif de fonctionnement. Les machines techniques sont des machines artificielles, inventées par l'homme (exemple : une automobile). Elles ne fonctionnent qu'à la stricte condition de n'être pas détraquées. Leur destin est l'usure, non le détraquement (on achète une nouvelle voiture non pas quand l'ancienne tombe en panne mais quand elle s'essouffle et qu'une réparation ne suffit plus). Les machines désirantes sont des machines psychiques. Au contraire des premières, elles ne cessent de se détraquer en marchant, ne marchent... que détraquées[19]. Alors que l'anti-production propre aux machines techniques est, pourrait-on dire, extrinsèque, liée seulement à leur usage (l'usure), c'est par elle-même (par essence) que la machine désirante produit de l'anti-production. L'anti-production est inhérente à sa nature. La machine psychique ne se développe que dans une confrontation perpétuelle avec ce qui la menace, en se nourrissant de ce qui la ronge. Selon ces auteurs, on peut définir la psyché comme un système de machines désirantes interconnectées qui, paradoxalement (encore une fois !), s'autoproduit en s'anti-produisant. La sphère de cette anti-production opérante est l'inconscient. Pour reprendre notre parallélisme psyché/matière, **il y va de la psychodynamique de l'inconscient comme de la microphysique des particules : création et annihilation y vont de pair.**

5. L'accident comme ouverture à la multiplicité des possibles

L'homme naît, vit et meurt. Son existence est historique. Elle s'inscrit sur la ligne du temps. Depuis toujours les

---

[19] G.DELEUZE/F.GUATTARI, **L'anti-Œdipe,** Minuit, Paris 1972, p.38-39. Dans le même registre de langage (celui des machines), H.VON FOERSTER distingue les « machines triviales » et les « machines non triviales ». Les premières se caractérisent par le fait qu'elles sont parfaitement prédictibles quant à leur comportement (exemple : un ascenseur) alors que les secondes ne le sont pas. Appliquant cette terminologie à la situation psychothérapeutique, R.NEUBURGER commente : « Les patients souffrent surtout de causalisme et tendent à se présenter (au thérapeute) comme des machines triviales à réparer » (R.NEUBURGER, **L'irrationnel dans le couple et la famille,** ESF, Paris 1988). Notre exemple clinique du début (le jeune-homme-aux-ratés) confirme la pertinence de ce constat.

questions de l'« existence » et du « temps » ont été philosophiquement corrélées et M.HEIDEGGER ne fut pas le premier à en explorer les arcanes communes. Dans un ouvrage peu connu datant de 1932 (« L'intuition de l'Instant »), G. BACHELARD se positionne par rapport à deux conceptions du temps ayant cours à son époque, celle de Henry BERGSON selon laquelle le temps est subjectivement vécu comme continuité et celle de Bertrand ROUPNEL selon laquelle le temps vécu est un temps discontinu, une cascade ininterrompue d'instants. Adhérant sans ambiguïté à la seconde position, celle de B.ROUPNEL (le temps comme succession d'instants), il rédige un véritable plaidoyer de la discontinuité temporelle. Le temps effectivement éprouvé par l'individu n'est pas une continuité sans faille, linéaire et monotone, mais une suite de ruptures, d'accidents sans lesquels il n'y aurait nulle place pour la création. « Il faut faire une doctrine de l'accident comme principe », écrit-il. « Dans une évolution vraiment créatrice, il n'y a qu'une loi générale, c'est qu'un accident est à la racine de toute tentative d'évolution »[20]. Puis, plus loin, évoquant la critique de la durée objective chez Einstein, il poursuit : « Il nous apparut très rapidement évident que cette critique détruit l'absolu de ce qui dure, tout en gardant l'absolu de ce qui est, c'est-à-dire l'absolu de l'instant[21]. Passant de la théorie de la relativité à la théorie des quanta, il peaufine sa comparaison entre existant temporel (l'instant) et existant quantique : "Il y aurait d'intéressants rapprochements à faire entre le problème de l'existence positive de l'atome et sa manifestation toujours instantanée. A certains égards, on interpréterait assez bien les phénomènes de radiation en disant que **l'atome n'existe qu'au moment où il change**. Si l'on ajoute que ce changement se fait brusquement (on l'a vu : par saut quantique), on est incliné à admettre que tout le réel se con-

---

[20] G.BACHELARD, **L'intuition de l'instant,** Gonthier, Paris 1932, p.24.
[21] G.BACHELARD, *op.cit.* p.29.

dense sur l'instant"[22]. Lui faisant écho, un autre philosophe, S. MOSES, suggère la nécessaire déconstruction du temps homogène. "C'est parce que tout instant est le premier qu'il n'y a pas non plus de dernier instant. Rien n'est jamais joué, rien n'est irrémédiable. Dans cette perception différentielle du temps où chaque seconde a sa valeur propre, les instants, qui ne sont plus des unités de mesure, ne se laissent pas additionner de manière à former un flux continu. La discontinuité du temps n'est pas faite de la séparation entre des unités discrètes, mais de la distinction entre des instants irréductiblement différents les uns des autres"[23].

Tous ces développements convergent vers une même conclusion. C'est le schisme, la séparation, la rupture, le choc, le déséquilibre, la différence, l'écart, qui ont pouvoir d'arracher la psyché à la neutralité, à l'identité, à la répétition du même, au statu quo. Plus encore, c'est dans la souffrance générée par ces schismes et ces ruptures d'équilibre, que nous puisons nos possibilités d'être et de devenir. "Émergés d'un trouble" dira J.ONIMUS, "nous sommes trouble et ne créons qu'en troublant"[24]. Dans un milieu trop propice, un environnement trop tendre, inconditionnellement bienveillant, nous flirtons avec la léthargie, le confort hypnotisant. Impossible de se "poser", faute d'avoir pu nous "op-poser". C'est du heurt (mal-heurt ou bon-heurt) que naît une possible construction d'identité. Nos manques, nos déchirements intérieurs, les aléas douloureux de notre (pré) histoire

---

[22] G.BACHELARD, *op.cit.* p. 54 (les mots soulignés le sont par moi)

[23] S.MOSES, **L'idée de l'infini en nous,** in « Répondre d'autrui : Emmanuel Levinas » (ouvr.coll.) La Baconnière, Neuchâtel, 1989, p.48. LEVINAS radicalise davantage cette logique puisque, selon lui, non seulement la possibilité de devenir, mais aussi la possibilité de transcendance, l'idée d'infini, serait la trace d'un traumatisme, d'une blessure originelle (E.LEVINAS, **Autrement qu'être ou au-delà de l'essence,** La Haye, Nijhoff 1974).

[24] J.ONIMUS, **Les dimensions du changement,** Desclée-De Brouwer, Paris 1983 p. 77

personnelle sont les amorces de notre aventure humaine, c'est-à-dire de ce qui précisément nous permet d'échapper à notre destin. Car notre histoire n'est pas notre destin. C'est notre possibilité d'emprise sur ce destin. C'est notre capacité d'agir sur lui et d'en influencer le cours. C'est l'aptitude innovatrice au départ de laquelle nous avons pouvoir de nous auto-transformer. Or, cette auto-transformation incessante au cours du temps n'est possible que parce que ce qui est (et qui nous sommes) ne nous satisfait jamais pleinement. Elle n'est possible que parce que le désir (comme le langage) n'atteint jamais réellement son but, qu'il est soutenu par un "manque" fondateur qui a pouvoir de le dynamiser. C'est de la finitude, du manque, c'est-à-dire du vide, que jaillit le plein. L'inquiétude, l'interrogation, l'inachèvement, couplés au puissant désir d'être, contrecarrent la pente lisse de l'entropie. De notre misère sans fond, surgissent nos moments de bonheur. **Notre liberté d'être et de devenir naît de l'écart par rapport à l'équilibre et non de l'équilibre lui-même**. Cet écart nous permet de réorganiser en permanence les expériences vécues dans le sens d'une appréhension plus fine, plus lucide du monde et de nous-mêmes. Il génère l'émergence d'un ordre psychique nouveau, d'une adaptation de meilleure qualité, plus gratifiante, mieux arrimée à nos besoins réels[25]. Ceci explique sans doute pourquoi les

---

[25] Pour nous y aider, les différentes formes de psychothérapie nous offrent leur recours. Il est à noter à cet égard que la psychothérapie et la psychanalyse dites « humanistes » se caractérisent précisément par une attention accrue aux processus (processus de création ou de réaménagement du sens) contrairement à la psychanalyse freudienne originelle construite autour de « noyaux durs » ou de structures stables (Ca, Surmoi, Moi, Idéal du Moi...). Il semble qu'aujourd'hui, les cliniciens s'intéressent plus à la façon dont les significations subjectives se modifient et évoluent dans le temps, qu'à la manière dont elles apparaissent. La question du « comment ? » l'emporte sur celle du « pourquoi ? ». (Voir à ce sujet : M.A.BOUCHARD, **De la phénoménologie à la psychanalyse,** Mardaga, Bruxelles 1990, p. 25 et 26.)

blessures d'enfance peuvent soit anéantir un être jusqu'à la folie et la mort, soit, contre toute attente, bander le ressort des créations les plus puissantes. "Ce qui ne me tue pas, me fortifie". NIETZSCHE avait tout compris !

CHAPITRE 5.

LES POINTS DE VUE SUR LE MONDE SONT MULTIPLES ET PARTIAUX. ÉLOGE DU POLYTHEISME.

1. La Partie et le Tout

Trois concepts forgés dans le creuset des sciences de la nature suggèrent encore des ouvertures épistémologiques intéressantes en sciences humaines et sociales. Tous trois concernent le processus de totalisation au sein d'un système, soit la question : comment l'association de plusieurs éléments peut-elle constituer un Tout ? Et surtout, comment concevoir le rapport partie/ensemble ? Il s'agit des notions de « holon », de « bootstrap » et de « complémentarité ».

La théorie holographique est une théorie introduite en mathématique par Dennis GABOR au début des années cinquante. De cette théorie, on a retenu surtout l'application optique : l'hologramme. Qu'est-ce qu'un hologramme ? C'est une image en trois dimensions, obtenue grâce à un rayon laser et dotée d'une propriété surprenante : la capacité de reconstituer l'intégralité de l'image d'un objet (quoique de manière floue et imprécise) à partir d'un seul de ses éléments. De cet étrangeté optique, un principe général d'intelligibilité se dégage : **le tout est contenu dans chacune des parties**. Chaque élément d'un ensemble contient quelque chose de cet ensemble et est à même de le restituer.

De l'œil au cerveau, de l'optique à la neurobiologie, la distance n'est pas longue. Karl PRIBAM la franchit. Il suggère que certaines fonctions du cerveau humain se verraient activées à la manière d'un hologramme. Il en serait ainsi de la mémoire. Cette idée n'est pas surprenante en soi. Elle repose sur un constat que chacun peut faire. Un lambeau de souvenir ancien (la façade d'un édifice, par exemple) peut nous conduire à restituer l'entièreté d'une séquence mnésique oubliée (un voyage de jeunesse dans un pays lointain). Chaque fragment d'expérience remémoré se comporte en somme comme une porte d'accès à la globalité de celle-ci. En inventant la technique axiale de la cure analytique, celle des « associations libres », FREUD ne fait qu'appliquer cette loi. Il exploite le pouvoir d'induction du souvenir afin de permettre à l'analysant de recoller morceau après morceau les trous noirs de son passé.

Ce principe semble également trouver application en biologie cellulaire et, plus particulièrement, dans les recherches relatives à la transmission génétique. Certains scientifiques avancent l'hypothèse selon laquelle l'Acide Désoxyribonucléique (A.D.N.), structure en double hélice qui supporte notre hérédité biologique et est présente dans chacune de nos cellules, s'y trouverait spécifiquement décodée selon le rôle attribué à la cellule dans le fonctionnement d'ensemble de l'organisme. Cela signifierait qu'un même substrat biochimique serait l'objet d'une « interprétation » différente selon le contexte dans lequel il est amené à prendre place. En clair : c'est ce contexte qui déterminerait, in fine, la structure moléculaire de la cellule.

Appliqué, enfin, à la démarche scientifique elle-même c'est-à-dire au processus de connaissance, le concept de « *holon* », devient un principe d'intelligibilité et pourrait se formuler comme suit : **décrire une réalité** quelle qu'elle soit **revient non à l'isoler et à la segmenter** comme le faisait la science classique**, mais au contraire à la relier, c'est-à-dire**

à montrer en quoi elle participe à tout ce qui l'entoure[1]. Rappelons que pour W. HEISENBERG, le monde est un « réseau complexe d'événements et de liaisons » (cf. supra). Bien avant lui, en introduisant la notion de « champ » dans la théorie électromagnétique, J.C.MAXWELL avait déjà indiqué que ce qui se passe entre deux charges, c'est-à-dire leur relation, importe plus que la description des charges elles-mêmes[2].

Si la physique contemporaine se dégage donc d'un paradigme réducteur où l'on isole les éléments en entités simples pour rendre compte de l'ensemble, elle se détache aussi, on l'a vu, de l'illusion selon laquelle l'univers matériel reposerait sur un fondement stable, un constituant ultime. Pour le physicien Geoffrey CHEW, cette volonté de détricoter la matière pour en trouver l'élément fondateur est vaine parce que l'univers n'est en rien une mosaïque d'éléments assemblés. Il est un **tissu dynamique d'événements interdépendants** qui doivent être et ne peuvent être qu'expliqués en terme d'auto-cohérence[3] et d'inter-cohérence. C'est à lui que nous devons le terme un peu mystérieux de « bootstrap ». De quoi s'agit-il ?

---

[1] Telle était déjà, faut-il le rappeler, la méthode d'élucidation de la tradition orientale. M.L.VON FRANZ souligne fort à propos qu'en Chine, un sage ne se demande jamais quelle est la cause d'un fait, mais bien quel fait « aime » se produire avec tel autre. (M.L.VON FRANZ, **Le processus d'individuation, in L'Homme et ses symboles,** ouvr.coll. dirigé par C.G.JUNG, Laffont, Paris 1964.)

[2] La théorie électromagnétique représente un progrès évident par rapport aux Lois de COULOMB. Notons toutefois qu'elle demeure déterministe puisque les équations de MAXWELL ont pour objet de prédire les variations d'un champ dans le temps et l'espace sur base de la connaissance de ce champ à un moment donné.

[3] Même si l'on sait depuis GÖDEL et son théorème célèbre que la cohérence d'un modèle est toujours indémontrable parce qu'il ne peut s'auto-justifier en prenant appui sur ses propres règles et présupposés.

Au départ, ce concept avait une acception limitée. Il servait à caractériser une famille de particules subatomiques : les « hadrons » ou particules liées par des « interactions fortes ».

Les notions de « force » et d'« interaction » sont essentielles en physique, car elles sont censées expliquer la cohérence de l'univers. On estime généralement que ces « forces » sont au nombre de quatre :

* la force gravitationnelle (découverte par NEWTON) s'applique aux corps célestes et détermine leur concentration.

* la force électromagnétique (MAXWELL) régit les liaisons subatomiques entre électrons et noyau (attirance) ainsi que les liaisons entre atomes au sein des molécules.

* la force d'interaction « forte » assure, au sein du noyau de l'atome, la liaison protons/neutrons et compense la répulsion électrique entre protons.

* la force d'interaction « faible » régit la circulation des électrons au sein de l'atome et gouverne les processus de radioactivité naturelle.

Notons que cette typologie qui faisait l'unanimité jusqu'au milieu des années 1980, est aujourd'hui contestée et prend eau sur ses deux flancs, le flanc théorique : les théories d'unification qui visent à en réduire le nombre et le flanc expérimental : les recherches qui, au contraire, concluent à l'existence d'une cinquième, voire d'une sixième force !

Mais ce qui nous importe plus, c'est qu'à l'aune de cette différenciation des forces de liaison, on a pu établir une typologie des particules en les classant en deux groupes : celles qui, à l'instar de l'électron, sont liées à l'atome par des forces « faibles » (les LEPTONS) et celles qui, à l'instar du neutron, sont des objets liés par des liaisons « fortes » (les HADRONS). Les HADRONS, particules historiquement originelles dans l'univers en expansion, seraient constitués, eux-mêmes, de constituants supposés : les QUARKS.

Mais le terme « bootstrap » connut par la suite une extension sémantique et s'applique aujourd'hui, *sensu lato,* à la connaissance du réel dans son ensemble. On pourrait le traduire ainsi : pour comprendre le monde, il faut cesser d'isoler les modèles explicatifs et de les considérer comme autosuffisants. Il faut, au contraire, **détecter les modèles d'intelligibilité qui sont compatibles entre eux et les évaluer à l'aune de leur cohérence interne et de leur fécondité.**

Cette idée nous rapproche du troisième concept annoncé, celui de « complémentarité », développé par les physiciens Niels BOHR et Bernard d'ESPAGNAT. Contrairement à ce que soutenait la démarche classique, ou plus exactement à ce que supputait sa mythologie sous-jacente, la science ne procède pas tant par « découverte » que par « élucidation ». Il ne s'agit pas pour le physicien de « découvrir » une vérité que tairait le système physique, mais bien de choisir ou d'élaborer un langage apte à le décoder. Une fois que ce langage est choisi ou construit, il convient de résister à la tentation de l'hypostasier, de l'absolutiser. Il ne sera jamais qu'une « préparation du système » capable d'en donner une représentation satisfaisante sans en épuiser la réalité totale. Il est impossible, en effet, de trouver un point de vue à partir duquel l'entièreté du réel se donnerait à voir d'un seul coup d'œil. De là découle la nécessité d'investir plusieurs langages et de chercher leurs points de jonction, leur complémentarité. Mais attention, prévient N.BOHR, le terme de « complémentarité » est ambigu et trompeur, car il recouvre en fait deux idées apparemment opposées : l'idée de jonction et celle d'exclusion mutuelle entre termes qui seraient parfaitement contradictoires s'ils étaient réunis dans une même description. Peuvent être « complémentaires » dans ce sens, des informations sur un même objet dans des conditions d'expérience bien définies mais s'excluant réciproquement. « Bien qu'il soit impossible de les rassembler en une image unique... elles représentent chacune des aspects également essentiels de tout ce que l'on peut apprendre en ce domaine sur l'objet en question... C'est seulement en tenant compte des relations de complémentarité existant entre les différents renseignements obtenus sur le comportement des particules atomiques que nous sommes arrivés à comprendre le contraste frappant entre les propriétés des modèles mécaniques ordinaires et les lois toutes particulières de stabilité qui régissent les structures atomiques et forment la base de toute explication précise des propriétés physiques et chimiques de la matière »[4]. La vraie leçon du Principe de Complémentarité, concluent I.PRIGOGINE et I.STENGERS, c'est sans doute « cette richesse du réel qui déborde chaque langage, chaque structure logique, chaque éclairage conceptuel. Chacun peut seulement en exprimer - mais réussit à en exprimer - une partie... "[5]. C'est ce que ces deux auteurs appellent : **la fin de l'omniscience**.

Holon, Bootstrap, complémentarité... Trois concepts nodaux ayant accouché de trois principes qui font assurément écho dans les sciences de l'homme parce qu'ils sont autant d'incitations à revoir certaines adhérences tenaces de l'« ancien » paradigme et à explorer de nouvelles voies de pénétration.

Sur le plan ontologique (celui de l'être), ils nous amènent à poursuivre notre interrogation sur la conscience de soi et le sentiment identitaire, sur la conscience du monde ainsi que sur la relation à l'« objet ».

Sur le plan épistémologique (celui du savoir), ils nous exhortent à une attitude résolument déicide à l'endroit des monothéismes théoriques. Ils nous enjoignent de résister à la

---

[4] N.BOHR, **Physique atomique et connaissance humaine,** Gallimard, Paris 1991, p.186. Dans cet ouvrage (page 185), nous lisons : « ... aucun renseignement sur un phénomène qui se trouve, en principe, hors du champ de la physique classique, ne peut être interprété comme une information sur des propriétés indépendantes des objets : ce renseignement est **intrinsèquement lié à une situation définie**... » (les mots soulignés le sont par moi). Transposée dans le domaine de la psychologie, cette phrase offre argument au « situationnisme » dont nous parlions.

[5] I.PRIGOGINE/I/STENGERS, *op.cit.* p.233

fatale attraction des modèles totalisants (l'idée même de totalité est d'essence religieuse) autant qu'à la séduction des modèles réducteurs.

2. Objet partiel, objet transitionnel, objet total

Depuis FREUD, la psychanalyse ferraille âprement avec la question de l'institution de l'Objet. Comment l'objet se constitue-t-il en tant que totalité et que totalité séparée aux yeux de l'enfant ? Comment l'enfant en vient-il progressivement à concevoir une réalité extérieure à lui-même ? Par quel parcours chemine la perception de la césure Moi/ non-Moi ? Pour indiquer que ce parcours se réalise par étapes et non d'un trait, elle a forgé deux concepts importants, les concepts d'« objet partiel » et d'« objet transitionnel ».

Selon la théorie de l'**objet partiel**, le premier objet affectivement investi par l'enfant n'est pas la mère, en tout cas pas la mère en tant qu'objet total, mais un petit bout de celle-ci : le sein. Fantasmatiquement, le sein de la mère est vécu positivement (bon objet) ou négativement (mauvais objet). Il est doté d'intentions bienveillantes (dans la première version) ou persécutrices (dans la seconde version). Mélanie KLEIN voit dans ce découpage de l'objet une phase transitoire, préparatoire à la reconnaissance de la mère comme objet plein, comme objet total. Mais cette vision a son intérêt et sa limite. L'intérêt de la théorie kleinienne, remarquent DELEUZE et GUATTARI, est d'avoir perçu l'importance des objets partiels dans l'organisation du désir de l'enfant et d'entailler du même coup la primauté que FREUD accorde au conflit œdipien, considéré à la fois comme principe universel (le « complexe d'Œdipe » ne serait pas lié à une civilisation particulière) et terme final de la psychogenèse (la résolution du conflit œdipien, considérée comme l'indice de l'accession du sujet à la maturité psychique). Malheureusement, poursuivent ces auteurs, Mélanie KLEIN n'a pas été au bout de sa logique et n'a pas pu se défaire d'une conception idéaliste de l'« objet partiel ». Sa vision psychogénétique réduit celui-ci à un statut strictement transitoire, aspirant à son intégration ultérieure dans l'objet total. Le rapport partie/tout est donc mal posé, car il méconnaît la **résistance de la psyché à la totalisation absolue**. Il postule que tout objet partiel vise son intégration totale dans un tout. Or, cette vision est douteuse. En réalité, il n'existe pas de totalisation sans reliquats, sans résidus, sans restes. Il n'existe pas de « tout » absolu, pas de « tout » originel, pas de « tout » à venir. « Il n'y a pas d'évolution des pulsions qui les ferait progresser, avec leurs objets, vers un tout d'intégration, pas plus qu'il n'y a de totalité primitive dont elles dériveraient ». Et de poursuivre sur le ton de la provocation décapante : « les objets partiels ont en eux-mêmes une charge suffisante pour faire sauter l'Œdipe et le destituer de sa sotte prétention à représenter l'inconscient..."[6]. La question, pour DELEUZE et GUATTARI n'est donc pas de statuer sur l'importance relative des stades dits « préœdipiens » (narcissique, oral, anal, phallique) par rapport à l'Œdipe. « La question est celle du caractère absolument anoedipien de la production désirante »[7]. En fait, l'inconscient n'a rien à faire des personnes. « Les objets partiels ne sont qu'en apparence prélevés sur des personnes globales »[8]. Et de conclure par une réfutation franche et massive de l'idéal kleinien, trop téléologique à leur goût. « Nous ne croyons plus à la grisaille d'une fade dialectique évolutive qui prétend pacifier les morceaux parce qu'elle en arrondit les bords »[9]. Bref, le psychisme ne ressemble pas à une pâte sans grumeaux. Il

---

[6] G.DELEUZE/F.GUATTARI, *op.cit.* p.53.
[7] G.DELEUZE/F.GUATTARI, *op.cit.* p.53
[8] G.DELEUZE/F.GUATTARI, *op.cit.* p.54.
[9] G.DELEUZE/F.GUATTARI, *op.cit.* p.50.

contient des morceaux, des concrétions, des fragments, qui résistent à toute intégration, en tout cas à toute intégration définitive. Dans la ligne du courant « déconstructeur », initié par NIETZSCHE, poursuivit par FOUCAULT et DERRIDA, le tandem DELEUZE-GUATTARI nous invite donc à la légitime défiance à l'endroit des souverains poncifs de la mythique/mystique totalisante selon laquelle toute partie serait prédestinée à s'intégrer, *in fine*, dans un tout[10]. Il nous rappelle que cette mythique unificatrice, telle un chant de Sirènes, parcourt les siècles sans défaillir et séduit les Ulysse que nous sommes, toujours en quête de rivages pacifiés et de visages rassurants[11].

C'est à un élève de Mélanie KLEIN, le psychanalyste anglais D.W. WINNICOTT, que nous devons cette autre réponse à la question posée au début, à savoir la théorie de l'**Objet Transitionnel**. On sait que pendant les dix-huit premiers mois de sa vie, le nourrisson opère une percée psychogénétique essentielle. Il doit se dégager progressivement de l'adualisme originel (indistinction Moi/non-Moi) pour aller au devant du monde, à la rencontre

[10] Pour G.STEINER, la tendance déconstructrice de la philosophie contemporaine (notamment chez DELEUZE et DERRIDA), son insistance sur les « lacunes », les « fissures », les « ruptures », son obsession de l'absence et du manque qui « disséminent toute acception naïvement cosmologique d'un continuum plein de sens, d'un "texte du monde", prend source dans S.MALLARME, le poète des "blancs" typographiques, des blancs sur page, des blancs abîmes de néant silencieux qui séparent les lignes ». *op.cit.* p.152.

[11] Ce n'est pas un hasard si nous retrouvons chez ces deux auteurs la thématique du continu/discontinu et le refus obstiné de leur disjonction. Décrivant le fonctionnement de la « machine » du désir, ils remarquent qu'à l'instar de toute machine, celle-ci est un système de coupure dans un flux préexistant et que ce sont les coupures introduites dans le circuit qui, paradoxalement, définit le flux comme continuité : « Loin que la coupure s'oppose à la continuité, elle la conditionne, elle implique ou définit ce qu'elle coupe comme continuité idéelle ». G.DELEUZE/F.GUATTARI, *op.cit.* p.44.

des objets extérieurs. Pour cheminer sur cette voie, dit WINNICOTT, il va prendre appui sur l'un ou l'autre objet familier de son environnement immédiat (coin de drap, coussin, peluche...) qu'il va s'approprier et auquel il va littéralement se cramponner. Cet objet-crampon a la propriété de participer simultanément des deux mondes, le monde objectif extérieur et le monde subjectif intérieur. Il fonctionne comme objet de passage peuplant un espace transitionnel sécurisant, une zone-tampon où se mêlent sans discontinuité les flux internes et externes. Notons que l'objet transitionnel ne disparaît jamais totalement avec l'enfance et se retrouve chez l'individu adulte sous les oripeaux les plus divers : la cigarette, la pipe, la voiture, la drogue et aujourd'hui, le téléphone portable ou le smartphone.

Outre son intérêt clinique évident (et même si l'hypothèse d'une indistinction Moi/Monde originelle est remise en question par certains psychologues), cette analyse marque une avancée essentielle dans la compréhension de genèse psychique. Elle souligne l'importance d'un lieu intermédiaire (entre le Moi et le non-Moi), d'un espace de médiation entre principe de plaisir (illusion du Moi-Tout-Puissant) et exigences de la réalité (Moi borné, limité par ce qui n'est pas lui).

Mais ici aussi, deux écueils nous guettent, qui dérivent d'une interprétation aristotélicienne des choses, d'une vision trop étroitement inféodée à l'« ancien paradigme ». Le premier de ces écueils consiste à assimiler l'espace ou l'objet intermédiaire à un instrument éphémère de liaison sans le doter d'une véritable consistance. Le second écueil revient à lui ôter tout pouvoir organisateur, à le réduire à une simple force d'interposition parfaitement hétérogène par rapport à ce qu'il veut séparer (comme, par exemple, la surface lisse du verre par rapport au liquide qu'il contient et à l'air qui l'environne). Or, dit J.J. WUNENBERGER, ce n'est pas ainsi qu'il convient de se représenter l'objet ou l'espace transitionnel. Il importe que celui-ci, dans son statut médiateur, conserve une communauté d'essence avec les deux termes qu'il médiatise, donc ne soit pas parfaitement hétérogène, même si ces termes sont irréductibles (en l'occurrence : la sphère interne et le monde extérieur). Il se doit d'être simultanément indépendant et solidaire. « Il se trouve défini par son autonomie et sa profondeur qui permettent d'introduire une dénivellation par rapport au couple des éléments distingués, mais aussi par sa solidarité avec les deux autres composants qui l'encadrent. Autrement dit, la différenciation renvoie à un lieu en surplomb, dans lequel les différents s'adossent l'un à l'autre, mais à partir duquel ils peuvent aussi diverger. Le véritable médiateur n'est donc plus seulement un entre-deux, mais une réalité composée où les extrêmes se nouent, et à partir de laquelle ils apparaissent chacun unilatéralement par polarisation. Ce tiers-état, d'organe de liaison, de point limite, de seuil transitionnel, peut devenir réellement pivot de la différence. Ce qui est au milieu, non seulement tient des deux natures qui se rencontrent en lui, mais surtout finit par avoir plus de place que les extrêmes. » Et de conclure : « Une architectonique de la complexité exige donc une véritable théorie de la médiété, qui arrache le concept et le symbole de l'intermédiaire, à sa dimension contingente, opératoire et finalement inerte »[12]. En résumé, si l'on veut comprendre les phénomènes psychiques dans leur complexité, il faut admettre que **les transitions sont aussi importantes que les états qu'elles relient**. Ce qui se passe ENTRE les choses est aussi déterminant que les choses elles-mêmes. Le voyage n'est pas un transbordement inerte entre point de départ et destination mais un opérateur en action. Il se décline à l'actif, non au passif. Il ne se subit pas. Il agit.

---

[12] J.J.WUNENBERGER, *op.cit.* p.52.

3. L'« Interstance » ou le Coursier de Le Senne

Si la pensée contemporaine entretient une extrême défiance à l'égard des grandes théories unificatrices, toujours suspectes de tentation totalitaire et d'idéalisme religieux, c'est pour surinvestir le « relationnel ». Mettre l'accent sur la dynamique des relations intrasystémiques sans chercher à attribuer des primautés ou des préséances, permet en quelque sorte de désenclaver la problématique Elément/Ensemble. Dire que rien ne peut advenir à l'existence et s'insérer dans le monde sans une forme d'assentiment de ce qui s'y trouve déjà (concept de « bootstrap »), c'est dire de manière métaphorique que tout « existant » prend forme au sein d'un tissu de relations qui lui préexiste et qui, dès lors, en détermine, partiellement au moins, la configuration et la texture. C'est dire aussi que la relation ainsi comprise est première par rapport à la chose isolée (monade), à la substance. C'est dire enfin que nous-même, individu singulier de l'espèce Homo Sapiens-Demens, sommes, en définitive, la résultante provisoire d'un entrecroisement de réseaux, le point de jonction d'interliaisons momentanément convergentes. **Nous sommes les liens qui nous tissent**. Un néologisme exprime cette primauté de l'« inter » : le concept d'« interstance ». Il ouvre une alternative féconde à la pensée substantialiste. Radicale inversion du regard ! C'est la relation qui fait l'être, c'est l'interaction qui crée l'humain. Pour l'illustrer, René LE SENNE propose une allégorie :

« Dans la relation entre hommes, tout se passe comme si deux cow-boys tenaient en mains les licous d'un invisible coursier. Chaque fois que s'agite le cheval, chacun des hommes attribue ce mouvement à l'autre ; chaque fois qu'un des cow-boys fait un mouvement, il s'en attribue l'initiative et croit que ce mouvement atteint directement l'autre ; ils croient tous deux n'être que deux, alors qu'un mystérieux troisième est présent et agit ENTRE eux. »[13]

Montage photographique de J. Vernin au départ de l'œuvre de G. Coustou ("les chevaux de Marly"). Première de couverture du livre de L. DARMS et J. LALOUP, "**Insterstance, communiquer à contresens**", LLN, Cabay 1983.

[13] R.LE SENNE, **Le lien interhumain** (Revue de Philosophie, Louvain 1931) cité par L.DARMS et J.LALOUP, **Interstance**, communiquer à contre-sens, Cabay, LLN 1982.

De cette allégorie, je donnerais la variation suivante :

Deux libellules s'aimant d'un amour tendre dansaient un menuet sur la surface d'une onde pure. Elles riaient à gorge déployée tant était grande leur joie d'entrelacer leurs corps. Soudain, tombant d'un saule en pleurs devant un quarteron d'oignons jouant au strip-poker, une invisible larme s'écrase au milieu de leur étreinte. Et les voilà qui, brutalement séparées, s'emballent en un tournoiement incontrôlé. Reprenant leur esprit, après un moment de stupeur, elles commencent à s'invectiver réciproquement, chacune attribuant à l'autre l'origine de cette turbulence inattendue, puis à se culpabiliser, chacune s'attribuant la responsabilité de cet événement rupteur.

Ces deux fables illustrent la différence entre la pensée « interstantialiste » et la pensée « substantialiste » qui nous est familière.

La PENSEE SUBSTANTIALISTE pose que :

- Tout être, toute chose dispose d'un substrat, sorte de « noyau dur », lui conférant densité, consistance et permanence.

- Il faut nécessairement que préexistent des êtres constitués pour que s'établisse une relation entre ceux-ci.

- Il faut que préexistent des êtres pour qu'il y ait des événements qui leur arrivent. Autrement dit, les événements sont des faits qui arrivent à des êtres.

On pourrait résumer ceci en une courte phrase : **l'être précède la relation et l'événement**.

Schématiquement :

Pensée substantialiste = 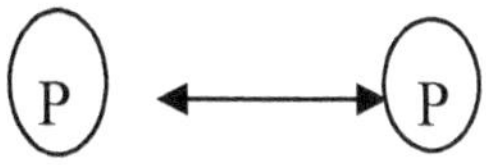

(P = personne)

À cela, la PENSEE INTERSTANTIALISTE (ou « relationniste ») rétorque que :

- C'est à la relation que l'on doit densité, consistance et permanence. La relation est première par rapport à ses termes. L'inter-personne est première par rapport aux personnes[14].

- L'événement peut être premier par rapport à l'être. Il est des événements dont il est bien difficile de dire qu'ils arrivent à des êtres (un arc-en-ciel, une rumeur...) Parfois, c'est l'événement qui crée l'être.

Schématiquement :

Pensée interstantialiste = 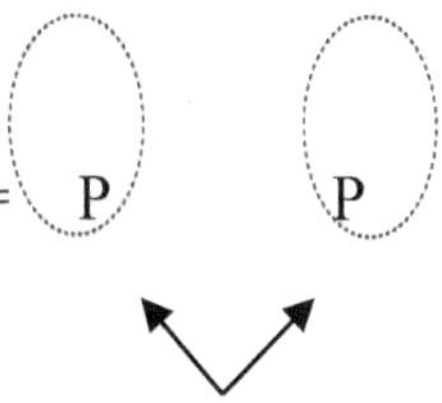

---

[14] Autre fracture dans l'édifice substantialiste : l'existentialisme. Pour J.P.SARTRE et M.MERLEAU-PONTY (comme pour HUSSERL), la philosophie est une entreprise de dé-substantialisation de l'Ego. La conscience n'est « conscience » qu'en ce qu'elle se déploie ou s'éclate dans le monde. L'ouverture au monde est le mode essentiel du « Da-sein » (HEIDEGGER).

Mais, objectera-t-on, ne faut-il pas que la relation vienne de quelque part ? Qu'elle ait un foyer d'émergence ? Ne faut-il pas qu'un JE se pose comme « je », comme individualité, pour pouvoir en un second temps entrer en relation ?

Nous y avons déjà fait allusion, l'identité de l'enfant s'ébauche face au miroir, cette surface mystérieuse qui lui renvoie un visage non identifié d'emblée comme sien. Mais, sur cette image visuelle s'accolent des images auditives, c'est-à-dire des paroles. Ces paroles sont lestées d'une haute teneur affective puisqu'elles sont prononcées par la mère et le père. Mais elles véhiculent aussi des informations captées par l'enfant, informations sur ce qu'il représente aux yeux de ses parents (« regarde comme il est éveillé ! », « vois comme elle est mignonne », « il te ressemble »....) C'est donc sous le regard de l'autre-me-regardant et s'exprimant-à-mon-sujet que, pour la première fois, je me pose en tant que JE. Autrement dit, c'est dans/par/grâce à/contre la relation à l'autre-tiers que JE ME constitue. Malgré sa méfiance notoire à l'égard des psychanalystes, E. LEVINAS rejoint J.LACAN. Loin de s'affirmer de plain-pied et de plein droit là où il est, le JE se pose d'emblée pour l'autre, avant même de s'affirmer pour-soi. En quelque sorte, son accès à la subjectivité prend un chemin de traverse. Il passe par la reconnaissance du « visage de l'autre », de ce qui, en autrui, le regarde et par là, l'interpelle. Toutes ces formulations modulent sur une même intuition, à savoir que **le champ interpersonnel ne s'épuise pas dans le modèle de l'intersubjectivité binaire**, du colloque Moi/Toi. Plus simplement : « nous », c'est autre chose que « toi + moi ». « Nous », c'est aussi « toi en moi » et « moi en toi », c'est « toi sous mon regard » et « moi sous le tien ». C'est encore « toi pour moi » et « moi pour toi » (attraction/amour) et « toi contre moi » ou « moi contre toi » (répulsion/haine). C'est enfin : « toi » + « moi »... + « il ». Ce « il » de l'équation désigne la troisième personne, présentifie le tiers. Il peut s'agir d'une tierce personne réelle qui, en s'interposant entre nous, crée une tension et modifie un équilibre (exemple : l'amant (e) au sein d'un couple constitué). Il peut s'agir aussi d'une pure instance virtuelle (exemple : la place théorique occupée par l'amant (e) - réel (e) ou hypothétique - au sein du couple), d'un emplacement vide qui, comme au jeu de Taquin, permet au « nous » de fluer, de se transformer, d'évoluer ou d'involuer, de se rééquilibrer sans cesse[15].

Mais l'interstantialisme se garde bien de se prendre à son propre jeu. Il ne s'agit pas tant d'absolutiser la relation au détriment de ses termes, que, plus modestement, de changer d'erreur provisoire. Carrés noirs sur fond blanc (substantialisme) ou carrés blancs sur fond noir (interstantialisme), le tout n'est pas d'opérer un choix définitif mais d'inverser régulièrement le regard. Il faut, propose DARMS et LALOUX, s'amuser à ce jeu de langage qui consiste à remplacer tous les « con » et tous les « syn » du discours (préfixes substantialistes) par des « inter » et des « entre »[16]. Petit jeu innocent ? Pas sûr ! Car, nous le disions plus haut, le langage est plus qu'un véhicule docile de la pensée. Par sa structure logico-syntaxique et sémantique, il oriente celle-ci dès sa source. Dès lors, cette substitution de préfixe n'est pas sans conséquence sur l'activité réflexive. On n'a pas manqué de se demander, écrit J.J.WUNENBERGER, « si les catégories philosophiques et scientifiques de la rationalité en

[15] Pour une analyse détaillée de cet éclatement de la dyade intersubjective au profit de la triade et du lien multiforme (chez FREUD mais aussi chez F.JACQUES, Th.CAPLOW, G.SIMMEL, R.GIRARD) voir : J.J.WUNENBERGER, *op.cit.* p.73 à 82.

[16] Ce jeu n'est pas innocent. Pour s'en convaincre, il suffit de réfléchir aux implications éducatives découlant respectivement d'une philosophie de l'existence (ex/sistere = se dresser hors de soi) ou d'une philosophie de l'inter-sistence (inter-sistere = se tenir entre). Dans le même ordre d'idées, une « inter-versation » n'est pas une « con-versation » ; une « inter-ducation » n'est pas une « é-ducation » etc.

Occident ne se trouvaient pas prédéterminées par la construction même des langues qui leur servent de substrat. Ainsi n'y a-t-il pas un rapport d'homologie surprenant entre les catégories logiques d'Aristote et les structures grammaticales de la langue grecque ?"[17]. Le substantif, par exemple, dont on a vu qu'il détenait le pouvoir dans la phrase indo-européenne, a pour fonction d'isoler les « substances », de découper les entités discrètes, d'accentuer le registre de l'« être » (statique) au détriment de celui du « devenir » (dynamique). Pour le linguiste B.L.WHORF, nos idiolectes éprouvent certaines difficultés à exprimer les dynamismes évolutifs à cause de la préférence qu'ils accordent aux noms[18]. Tout porte donc à croire que si la pensée produit le langage, le langage - inversement - produit la pensée. Notre façon de nous exprimer induit/traduit notre façon de penser (rappelons-nous l'exemple clinique du début). L.WITTGENSTEIN assigne précisément à la philosophie la mission de détecter et de lutter contre la manière dont le langage imprègne à notre insu notre intelligence. Le rapport langage/pensée est donc un rapport circulaire/récursif que l'on peut schématiser comme suit :

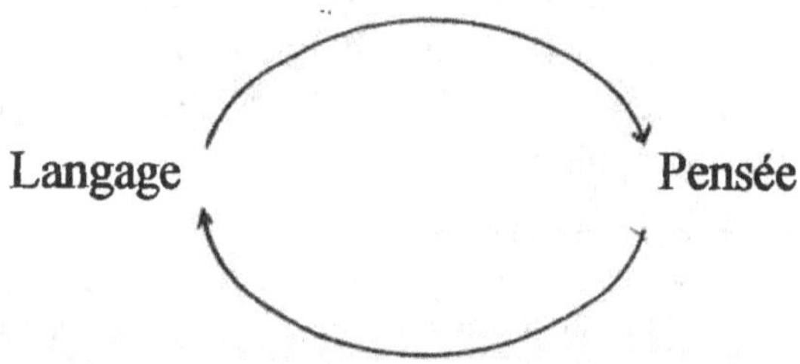

[17] B.L.WHORF, **Linguistique et Anthropologie,** Gonthier-médiation 1971.
[18] J.J.WUNENBERGER, *op.cit.* p.141.

Mais à la prégnance de la langue et à son incidence sur la structure de la pensée, vient s'adjoindre une autre détermination. Car si l'espèce humaine est la seule espèce vivante dotée de langage (et de langages pluriels), c'est aussi la seule espèce dont la cérébralisation progressive a abouti, au fil du temps, à élire la vision comme registre perceptif prévalent. Or la chose est connue : chaque sens organise un mode de rapport à l'environnement qui lui est spécifique. La vision est à cet égard le registre perceptif le plus découpant, le plus décapant, bref le plus substantifiant[19]. Il privilégie ce qui est dense, solide, permanent. « Nous abusons du regard », note J.ONIMUS, or « la vue nous apporte des informations rapides, faciles à analyser, à comparer, à remémorer ; c'est le plus intellectuel de nos sens et nous l'avons, naturellement, hypertrophié »[20]. À la détermination langagière de la pensée, il faut donc ajouter une détermination perceptuelle :

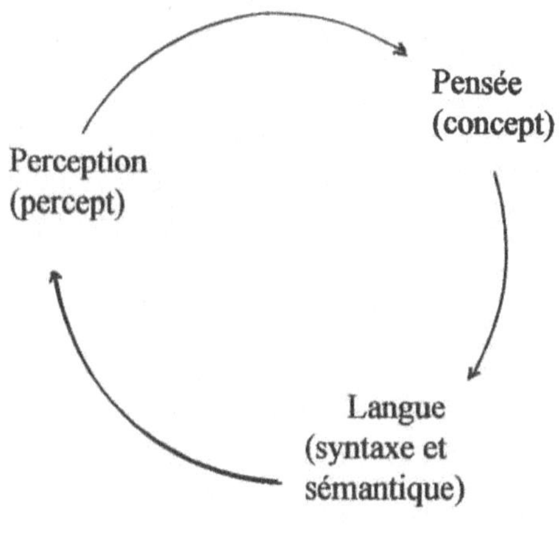

(Fig.5)

[19] Le regard est aussi le plus immatériel de nos sens. Nouveau paradoxe !
[20] J.ONIMUS, **Essai sur l'émerveillement,** PUF Paris 1990, p.9.

Il n'est donc pas surprenant que le substantialisme ait connu de si beaux jours en Occident, puisqu'aux effets d'une élection visuelle viennent s'ajouter ceux d'une langue qui, dans sa structure même, tend à privilégier la densité des choses et à accentuer la permanence de l'Être.

4. La question du réductionnisme.

Revenons un instant à la notion de « holon », terme qui prend source dans la langue grecque et désigne le tout, la totalité intégrée en tant qu'elle transcende ses parties constitutives. Une méthode, une théorie est dite « holistique » lorsqu'elle préfère la vue d'ensemble à la parcellisation, lorsqu'elle accorde préséance à la globalité sur l'élément. Elle s'oppose donc au réductionnisme élémentariste, c'est-à-dire à l'idée que pour connaître un objet, il faut d'abord le détricoter en composants simples. Dans la cité intellectuelle, l'holisme, aujourd'hui, bénéficie d'un large consensus et emporte les suffrages. Mais est-il, pour autant, immunisé à l'encontre du virus simplificateur ? N'est-il pas, en définitive, aussi réducteur que l'élémentarisme auquel il prétend s'opposer ? Remplacer la royauté de la partie par l'impérialisation du Tout, n'est-ce pas substituer purement et simplement une tyrannie à une autre ? Nier l'individualité au nom de l'ensemble et la partielle autonomie de l'élément au nom d'un « Holon » sacralisé, n'est-ce pas flirter avec un simplisme tout aussi dogmatique que son symétrique opposé ? Car s'il est vrai, comme le proclament les théories gestaltistes et systémiques, que le « tout » est plus que la simple somme de ses parties, la partie conserve néanmoins son importance puisqu'elle reflète l'état de l'ensemble et qu'elle maintient, de surcroît, sa capacité à s'autodéterminer dans les limites que lui impose le système. Certes le « tout » est plus que la somme des parties mais il est aussi moins que cette somme, car l'intégration de l'élément au système suppose pour celui-là une perte d'individualité. En quelque sorte, l'élément sacrifie à l'ensemble dans lequel il s'intègre une part de lui-même tout en conservant sa singularité. Il excède le pur quotient de la division du Tout[21]. Il n'est pas inutile de rappeler à cet égard qu'Arthur KOESTLER, chantre de la pensée holistique, définit celle-ci comme une pensée qui entretient une égale méfiance à l'endroit de la tentation fusionnelle des objets indifférenciés qu'à l'endroit de l'intelligence analytique des parties segmentées. Le « holon » lui aussi est un Janus à double visage, comportant à la fois une tendance intégrative (ses constituants s'intègrent sous la pression du Tout) et une tendance assertive (ses constituants se posent dans leur singularité). Le réductionnisme lui est donc, en principe, parfaitement étranger.

Pour sortir de cette oscillation lancinante entre réduction au simple et réduction au tout, mais aussi pour mettre fin à l'ambiguïté d'un terme et aux abus de langage qu'il suscite, Henry ATLAN distingue deux formes de réductionnisme : le « réductionnisme fort » et le « réductionnisme faible ». Il s'agit de deux démarches distinctes, renvoyant chacune à des registres différents. Le premier, le « réductionnisme fort », est un dogme scientiste dépassé, reposant sur une « métaphysique matérialiste naïve »[22]. Il consiste à prétendre contre vents et marées que la meilleure façon de connaître un objet, c'est de le découper en tranches comme un saucisson et d'analyser chaque tranche isolément. Il est l'expression exemplaire de l'ancien paradigme. Le second, le « réductionnisme faible », est d'une toute autre nature. Il relève d'une exigence pratique indépassable, inhérente à la connaissance scientifique. Celle-ci, en effet, ne peut progresser que grâce à la diversité des

[21] E.MORIN, **La nature de la nature (Méthode T.1)**, Seuil, Paris 1977 p.123 et suiv.

[22] H.ATLAN, **A tort ou à Raison,** Paris, Seuil, 1986 p.49 et suiv.

disciplines, à la multiplicité des approches, donc au découpage de l'objet d'étude[23]. Ce découpage du champ épistémique correspond plus ou moins à une distinction de paliers. Le réel n'est pas monolithique mais hiérarchique. Les lois qui régissent un niveau de la hiérarchie ne sont pas nécessairement les mêmes que celles qui s'appliquent à un autre niveau. De plus, les lois qui s'appliquent au niveau supérieur ne peuvent être purement et simplement dérivées de celles qui régissent les niveaux inférieurs. À chaque étage apparaissent des émergences nouvelles, des réorganisations, des auto-organisations de plus en plus complexes qui exigent de nouveaux modèles d'appréhension. Le problème qui se pose alors est celui de la compatibilité ou de la non compatibilité de ces modèles[24].

5. La fin du monothéisme théorique.

Toute théorie scientifique instaure ses propres catégories, celles dont elle a besoin pour comprendre le fonctionnement des choses et, le cas échéant, pour agir sur leur cours naturel. Or, écrit CASTORIADIS, « toute catégorisation que nous instaurons/découvrons s'avère tôt ou tard partielle, lacunaire, fragmentaire, insuffisante - et même, ce qui est plus important, intrinsèquement déficiente, problématique et finalement incohérente »[25]. Dès lors, **pour comprendre la réalité des choses, peut-être est-il souhaitable d'utiliser une mosaïque de modèles, pour autant que ceux-ci soient mutuellement compatibles.** Il s'agit de remiser le « monothéisme »

[23] H.ATLAN, *op.cit.* p. 49 et suiv.
[24] Au sujet du relativisme qui doit intervenir dans l'appréciation des théories et de l'incompatibilité éventuelle qui les oppose (l'« incommensurabilité »), voir également P.FEYERABEND, **Adieu à la raison,** Seuil, Paris 199O.
[25] C.CASTORIADIS, *op.cit.* p.371.

théorique, c'est-à-dire l'adhésion inconditionnelle (religieuse !) à un modèle explicatif unique, avec ce que cette attitude suppose de prétention totalisante et d'intolérance mesquine. Ce à quoi nous invitent « théorie de Bootstrap » et « principe de complémentarité » c'est, précisément, à passer de la terreur du dogme (fut-il scientifique) à la rigueur de critères épistémologiques (principes de connaissance) tels que **l'auto-cohérence** (cohérence interne du modèle et adéquation à ses objectifs), **l'inter-cohérence** (articulation éventuelle avec des modèles mitoyens et avec le champ de savoir qu'il entend balayer) et l'**opérationnalité** (son utilité c'est-à-dire sa capacité à produire une action efficiente). Ils nous invitent à étudier la question de la cohabitation des différents modèles au sein d'un champ disciplinaire (leur complémentarité, leur compatibilité, leur incompatibilité). S'ils sont, en effet, des langages codifiés qui n'épuisent pas la complexité du réel, ils portent en eux une exigence de complémentarité. Mais, en même temps, ils peuvent être irréductibles en ce que la lecture que propose chacun d'eux, répond à sa propre syntaxe, son propre découpage préalable, sa propre « préparation du système ». La question est donc de savoir :

- dans quelle mesure et jusqu'où un modèle est cohérent et opérationnel (la conscience de sa partialité permettant, en principe, d'échapper à sa perversité dogmatique),

- le réel comportant différents niveaux de complexité, quel est, pour chaque niveau, le modèle qui offre un maximum de pertinence.

Qu'est-ce à dire concrètement ?

En physique, il est habituel d'entendre dire qu'une théorie chasse l'autre, qu'un modèle ancien est rendu désuet par l'émergence d'un nouveau modèle. Ce n'est pas exact. Le modèle newtonien n'est nullement rendu obsolète par le développement de la relativité et de la mécanique quantique. Il conserve sa pertinence au niveau des phénomènes macroscopiques. C'est grâce à lui notamment que les ingénieurs de la NASA réussissent à envoyer sur orbite quelques-uns de leurs pairs. La théorie quantique, quant à elle, occupe une « zone de pertinence » située à deux autres niveaux de complexité, celui de l'infiniment petit, inaccessible à la physique de Newton et celui de l'infiniment grand.

Il en va de même dans le champs des sciences humaines et de la psychologie. Choisissons à dessein une zone particulièrement ténébreuse et obscure : la problématique de la folie. Plusieurs théories s'y affrontent. La THÉORIE DU DOUBLE-LIEN de Grégory BATESON s'attaque frontalement à la question : comment devient-on psychotique ? Ou encore : comment s'y prend-t-on pour produire de la folie au sein d'un système familial ? La réponse est la suivante. Lorsqu'un petit enfant se trouve placé dans le champ d'influence d'une personne dotée d'une grande valence affective (sa mère initialement) et que cette personne, de manière répétitive, le soumet à des « messages paradoxaux » (exemple : « viens » et « va t'en » ou « je t'aime » et « je te hais »), il finit par ne plus savoir ce qu'il faut faire ni ce qu'il faut croire. Il se replie dans sa coquille. Il s'enferme dans son monde intérieur (autisme). La théorie du « double-lien » occupe une « zone de pertinence » bien circonscrite : la dynamique affective du noyau familial, c'est-à-dire (par analogie avec la physique) les « valences » relationnelles au sein de petits groupes « à interactions fortes ». Le problème n'est pas tant de savoir si elle est vraie, ni même, selon le principe de POPPER, si elle est falsifiable. Le problème est de savoir si, dans la zone de pertinence qu'elle occupe, elle apporte une réponse satisfaisante à la question de la production de la folie et mieux encore, si elle permet d'intervenir de façon adéquate (préventive ou remédiative) sur les mécanismes de cette production, autrement dit, si elle est opérationnelle.

Mais se pose aussi le problème de sa complémentarité/ compatibilité avec d'autres théorisations, celles qui occupent la même zone, en s'arrimant le cas échéant à des prémisses différentes.

Car la théorie du double-lien n'est pas la seule théorie à prétendre élucider la question de la production familiale de la folie. La théorie psychanalytique de la FORCLUSION DU NOM-DU-PERE s'y attache également et apporte une autre réponse. Le champ de référence, pourtant, est le même, c'est celui des interactions familiales étroites de la petite enfance. Mais là où BATESON met l'accent sur la dyade mère/enfant, LACAN introduit le père et, par là, une relation tripolaire. En conséquence, le référentiel temporel se déplace sur l'axe chronologique d'entrée en scène des acteurs familiaux. BATESON situe le nœud du conflit au cours des premiers mois de la vie, alors que le champ affectif de l'enfant est occupé par la symbiose maternelle. LACAN, lui, situe le nœud conflictuel à une époque ultérieure, lorsque le père intervient comme tiers dans l'univers de l'enfant et s'y pose comme séparateur d'avec la mère et garant de la Loi (en l'occurrence : de l'interdit de l'inceste). Il advient alors ceci. Si l'instance paternelle fait défaut (parce que le père est physiquement ou psychiquement absent), l'enfant demeure soumis, corps et biens, au Désir tout-puissant de la mère et ne peut échapper aux rets mortifères d'une fusion symbiotique. Cette « forclusion du Nom-du-Père » (négation pure et simple du père comme instance de séparation et de socialisation) condamne l'enfant à l'aliénation et à la folie[26].

Ces deux théories, celle de BATESON et celle de LACAN, s'excluent d'autant moins l'une l'autre que la psychose, on le sait, est une pathologie multicausale (les psychologues ont abandonné depuis belle lurette l'idée que

[26] Voir à ce sujet le très beau livre de Joël DOR : J.DOR, **Le père et sa fonction en psychanalyse,** Paris, Point Hors Ligne 1989.

toutes les folies pouvaient s'expliquer par une cause unique). Elles utilisent certes des « langages » différents (informationnel-communicationnel chez BATESON, symbolique-structural chez LACAN) et placent l'accent sur des temps différents de la partition interactive, rythme binaire chez BATESON (maman et moi), rythme ternaire chez LACAN (maman, papa et moi). En faisant intervenir l'agent nodal à des moments différents de la vie de l'enfant, elles ne se contredisent pas et pourraient, le cas échéant, se compléter en mettant en lumière des mécanismes qui s'actualisent successivement sur l'axe diachronique-historique. La question a-t-elle été posée en ces termes ?

Si, comme on vient de le voir, la question de la compatibilité/complémentarité concerne les modèles sous-tendus par des paradigmes différents (BATESON/LACAN), elle se pose également entre modèles appartenant à la même famille paradigmatique, entre théories de même lignage. Prenons, par exemple, l'ensemble du champ psychanalytique. Les théorisations y sont nombreuses (freudienne, kleinienne, lacanienne, jungienne, phénoménologique...) et pourraient faire l'objet, sinon d'études comparatives, au moins d'un intérêt œcuménique. Des passerelles pourraient être jetées par-delà des fossés dont la profondeur n'est peut-être qu'apparente. Or, c'est le contraire qui se passe. Hormis quelques tentatives éparses de conciliation[27], l'insularité frileuse des

---

[27] Je pense notamment à la tentative de R.MUCCHIELLI de concilier Analyse Phénoménologique et méthode non-directive de Rogers (voir : R.MUCCHIELLI, **Analyse existentielle et psychothérapie phénoméno-structurale,** Dessart, Bruxelles 1967) ou encore au courant dit de « l'activation psychothérapeutique » qui jette d'audacieuses passerelles entre Thérapie Comportementale et Rêve Eveillé Dirigé de R.DESOILLE (Voir : J.C.BENOIT/M.BERTA, **L'activation psychothérapeutique,** Dessart, Bruxelles 1973). Plus récemment encore, le Canadien M.A.BOUCHARD jette un pont salutaire entre psychanalyse (analyse existentielle) et gestalt-thérapy (théorie du Self de Perls-Goodman). (Voir :

modèles fait le lit du « monothéisme » dogmatique et intolérant. Encensé par ses thuriféraires, chacun investit la « voie royale » de la psyché et y impose sa domination (ses codes de circulation, ses règlements douaniers !). Figé dans un rituel hiératique, inféodé à un Maître, à une Bible (dont il s'épuise à faire l'exégèse tatillonne !), chacun entretient sa spécificité avec un soin obsessionnel, un souci narcissique, un dissensus paranoïaque. De plus, comme le champ de manœuvre dont il s'agit est celui d'un « colloque singulier » où le patient est invité à se dire, il lui est imparti de soumettre son « dire » à la rhétorique du Maître, de formater son discours selon les catégories et circuits imposés par le « logiciel » théorique du praticien. Faut-il s'étonner, dès lors, d'entendre si souvent le public poser la question de la pertinence du modèle théorique en termes de croyance (« j'y crois », « je n'y crois pas », « je n'y crois plus »...) ? Or, le problème n'est pas de savoir s'il faut « croire » en l'analyse freudienne, en la psychologie analytique de Jung, en la théorie de Lacan ou en la théorie du double-lien (encore moins de savoir quelle est, dans l'absolu, la meilleure méthode thérapeutique). La question est : étant entendu que la réalité psychique est complexe et multidimensionnelle, **à quel niveau de complexité ou dans quelle zone de pertinence s'applique le mieux telle théorie ou méthode.** Ici aussi, dans le domaine de la psyché comme dans celui de la physis, il n'y a ni bonne ni mauvaise théorie, mais seulement possibilité de regards différents. Un choix s'impose entre ces regards, selon des critères d'utilité circonstancielle (opportunité) et de fécondité opérationnelle (efficacité).

La diversité des théories et les questions relatives à leur compatibilité ou à leur antagonisme, nous amènent naturellement aux principes d'explication et de causalité dans

---

M.A.BOUCHARD, **De la phénoménologie à la psychanalyse**, Mardaga, Bruxelles 1990.)

les sciences de l'homme. Sur ce terrain aussi, on va le voir, les choses bougent et nous invitent de façon pressante à affiner notre regard.

CHAPITRE 6.

LOCALITE, CAUSALITE ET PRINCIPE D'ANTAGONISME

1. Le paradoxe EPR et la non séparabilité

Supposons l'histoire suivante. Deux montres se trouvent en réparation chez un même horloger. La réparation effectuée, chaque propriétaire, dûment averti, vient reprendre possession de son bien. La première montre émigre, au poignet de son détenteur, vers le domicile de celui-ci, situé dans les montagnes du sud de la ville. La seconde fait route, dans le gousset de son propriétaire, vers la vallée. Il se passe alors ceci : si la première montre cesse de fonctionner, les aiguilles de la seconde s'arrêtent au même moment. Loufoque ? Dans le domaine de l'horlogerie, oui. Mais dans le monde des particules subatomiques, c'est comme cela que les choses se passent parfois. C'est, en tout cas, ce phénomène que décrit le paradoxe d'Einstein-Podolsky-Rosen (paradoxe EPR).

Supposons deux particules A et B disjointes dans l'espace au moment t_0(état initial du système). Elles entrent en interaction en t_1 et en sortent en t_2. Nous effectuons une mesure du système A en $t_3$et une mesure du système B en t_4. Que constate-t-on ? On constate qu'une connaissance de l'état du système A acquise en t_3 vient réagir sur les possibilités physiques en t_4 en un point éloigné de l'espace. Cela signifierait que le corpuscule A « informe » le corpuscule B au moyen d'un « signal » dont la vitesse dépasserait celle de la lumière, ce qui contredirait la théorie de la relativité.

Cette sorte de « reconnaissance à distance » que des particules éloignées établissent entre elles et qui conjoint leur destin nous rabat sur notre point de départ, puisqu'elle confirme l'invalidation de la vision ponctualiste classique. Elle suggère que les particules ne sont pas des points matériels individuellement localisables dans l'espace, mais bien des « objets étendus »[1] régis par un « principe de symétrie ». Deux particules voisines « verraient » leurs formes conjuguées, non pas en vertu d'un message circulant entre elles (impossibilité physique, car il devrait circuler à une vitesse supérieure à celle de la lumière) mais parce qu'elles appartiendraient à un moule commun, à une forme unique[2]. Pour les défenseurs de l'« interprétation de Copenhague » en mécanique quantique (groupe de physiciens réunis autour de Werner HEISENBERG), il faut pouvoir rendre compte adéquatement de ces phénomènes de non localité. Certains systèmes physiques seraient pourvus de propriétés propres, non attribuables à l'une ou l'autre particule. Ils se comporteraient alors comme un tout indivisible malgré l'éloignement spatial de leurs éléments. Ceux-ci seraient tout à la fois éloignés et corrélés. Il semble que de nombreux paradoxes en physique mais aussi en biologie et en psychologie naissent de ce qu'on s'obstine à vouloir localiser les choses et qu'on se heurte à l'impossibilité de le faire. L'astrophysicien Hubert REEVES voit, en tout cas, dans le paradoxe EPR l'expression de la conscience paradoxale du chercheur. Il se plaît à souligner l'impossible disjonction entre objet observé et conscience observante sur certains paliers du réel. Le psychanalyste Pierre

[1] Selon une information récente, parue dans la presse, des chercheurs japonais du laboratoire d'Hitachi viennent de confirmer expérimentalement une intuition de la théorie quantique : un électron « sent » la présence d'un champ magnétique, même s'il est hors de l'espace d'influence de celui-ci.
[2] L'expression suggestive d'« accolades domaniales » fut introduite par les théoriciens de la Gnose de Princeton pour désigner ces influences à distance entre éléments distincts que rien ne relie. Voir : R.RUYER, **La Gnose de Princeton,** Fayard, Paris 1974.

SOLIE rappelle dans le langage symbolique qui est le sien, que l'implication de l'« opérateur alchimiste » (fut-il physicien, biologiste ou psychologue) modifie nécessairement trois paramètres : l'objet d'étude, le sujet connaissant et l'opération de connaissance elle-même. Une façon de dire : non seulement il n'est pas possible d'étudier un objet quelconque sans le transformer, mais il n'est pas possible non plus de l'étudier... sans SE transformer !

2. La synchronicité et l'Unus Mundus

Le nouveau paradigme introduit de redoutables remises en question dans les catégories essentielles de l'expérience, notamment celles de la temporalité (conception du temps) et de la causalité (conception des relations de causes à effets). Immanquablement, les considérations qui viennent d'être faites sur le paradoxe EPR évoquent, dans le domaine des sciences de la psyché, le phénomène décrit par C.G. JUNG[3] sous le terme de « synchronicité ».

Se pourrait-il que « psyché » et « physis » soient en définitive un seul et même monde observé, tantôt à l'« endroit » tantôt à l'« envers » ? Plus précisément, se pourrait-il que les deux sphères de l'inconscient psychique et du monde microphysique ne soient que les deux facettes d'une même réalité, d'un « Unus Mundus » (monde unique) ? Cette hypothèse est séduisante. Elle doit donc nous inciter à la plus extrême prudence. Toutefois, elle aurait l'avantage de rendre compte de coïncidences troublantes parfois observées entre phénomènes extérieurs et événements intérieurs qui n'ont par ailleurs aucun lien causal entre eux. Pour reprendre l'exemple

[3] Psychanalyste suisse, élève dissident de S.FREUD.

proposé par Marie Louise VON FRANZ[4], si j'ai acheté une robe bleue et que, par erreur, on me livre une robe noire le jour même où l'un de mes proches vient de décéder, il s'agirait là d'une coïncidence troublante, mais d'une coïncidence lourde de sens. Tout se passerait comme si l'« archétype » sous-jacent[5], celui de la mort, se manifestait simultanément par deux événements sans lien causal mais reliés entre eux par une relation de synchronicité[6]. La synchronicité pourrait donc se définir comme une co-incidence ou une coalescence de phénomènes qui ne sont pas liés causalement (l'un n'est pas la cause de l'autre), mais qui entretiennent un rapport étroit, porteur d'une signification subjective interpellante.

La notion de « synchronicité » pose donc la question du rapport possible entre les deux champs apparemment éloignés l'un de l'autre, du « physique » et du « psychique » et l'hypothèse de leur affiliation à une sorte de fond commun, dont chacun manifesterait un aspect. Comme nous allons le voir, cette intuition trouve une assise logique (systémologique) dans la théorie lupascienne.

3. La systémogenèse antagoniste

Nous devons au physicien et philosophe hongrois Stéphane LUPASCO une théorie systémogénétique puissante qui repose sur un certain nombre d'axiomes :

---

[4] M.L.VON FRANZ, *op.cit.*

[5] Dans la théorie jungienne, les « archétypes » constituent la trame de l'« inconscient collectif ». Ce sont des représentations universelles inconscientes qui habitent notre psyché archaïque et structurent son rapport au monde.

[6] Pour une critique du concept de « synchronicité » et une discussion de la correspondance entre C.G.JUNG et le physicien PAULI, voir H.ATLAN, *op.cit.* p.150 et suiv.

1. Toute manifestation physique implique l'existence d'une énergie.
2. Cette énergie a la capacité de s'actualiser, c'est-à-dire de passer d'un état « potentiel » à un état « actuel ».
3. Si un dynamisme quelconque peut demeurer à l'état potentiel (non actualisé), c'est que quelque chose l'y maintient : un dynamisme antagoniste actualisé (l'actualisation de l'un suppose la potentialisation de l'autre et réciproquement). C'est le Principe d'Antagonisme.
4. Tout affaiblissement de ces relations d'antagonismes au sein d'un système donné entraîne le relâchement ou la désintégration du système. Autrement dit : **c'est à la puissance de ses antagonismes internes qu'un système doit sa résistance à l'entropie.**

Par ailleurs, indique LUPASCO, tout système peut prendre deux orientations :

1. Soit il est soumis à une homogénéisation croissante par arasement des différences, annulation des écarts, victoire de l'identité et de l'entropie. Son évolution est alors commandée par la loi d'entropie de CARNOT-CLAUSIUS.
2. Soit il est soumis à une hétérogénéisation croissante par renforcement des différences, amplification des écarts, victoire de la non identité et de la néguentropie.

Son évolution renvoie au phénomène de différenciation des particules, décrit par la loi d'exclusion de PAULI[7].

[7] Les particules microphysiques se séparent en deux « espèces » : celles qui, à l'instar du photon, peuvent s'observer en un aussi grand nombre que l'on veut dans un même état quantique (défini par les quatre « nombres quantiques ») et celles qui, à l'instar de l'électron, sont régies par le Principe d'Exclusion de PAULI. Ce principe postule ceci : lorsqu'une de ces particules occupe au sein d'un atome ou d'un gaz un état quantique donné,

Sur base de cette double dialectique (actualisation/ potentialisation et homogénéisation/hétérogénéisation), trois types de systèmes sont alors possibles, chacun donnant naissance à une sorte de « matière » :

1. Actualisation progressive de l'homogénéisation identitaire (potentialisation corrélative de l'hétérogène).

Cette orientation, caractérisée par une croissance d'entropie, est celle des SYSTÈMES MACROPHYSIQUES.

2. Actualisation progressive de l'hétérogénéisation (potentialisation corrélative de l'homogène).

Cette orientation, caractérisée par la victoire de la néguentropie (information, auto/ré/organisation) sur l'entropie, est celle des SYSTÈMES BIOLOGIQUES.

3. Actualisation égalitaire de l'homogénéisation et de l'hétérogénéisation (« État T » = optimum de Quantité d'Antagonisme).

Cette orientation donne naissance aux SYSTÈMES MICROPHYSIQUES et aux SYSTÈMES NEURO-PSYCHIQUES[8].

Il ressort de cette systématisation que la proximité constatée entre « matière microphysique » et « matière psychique » pourrait s'expliquer par la similarité de leur dynamisme énergétique, l'« antagonisme fort ». Cela rendrait compte de cet aspect paradoxal, réfractaire à la logique de non-contradiction, qui les caractérise toutes les deux. « S'il existe un secteur de notre expérience générale, en dehors de

---

elle en exclut toute autre particule. Il s'agit donc d'une loi d'individualisation particulaire.

[8] Pour une étude détaillée de la théorie lupascienne, voir : S.LUPASCO, **L'énergie et la matière vivante,** Julliard, Paris 1962 (surtout l'appendice théorique : notion de systémogenèse générale), **La tragédie de l'énergie,** Casterman 1970 et **Les trois matières,** Cohérence, Strasbourg 1982.

l'expérience microphysique, où tout événement est conflictuel et par la même antithétique », écrit S.LUPASCO, « c'est bien celui du psychisme. Tout y est coexistence de voies opposées, de comportements contradictoires, de tendances, de pulsions antagonistes, avant toute réponse aux sollicitations extérieures ou intérieures, conditionnant précisément le choix. Rien ne peut y surgir sans repousser ; rien ne peut s'élancer vers l'actualisation et se maintenir comme tel, dans cette zone intermédiaire qui s'engendre ainsi, sans refouler vers la potentialité quelque chose qui s'y opposait... L'appareil neuropsychique est ainsi fait que ses produits apparaissent toujours couplés (c'est moi qui souligne), des données sensorielles aux notions les plus abstraites »[9].

Pour illustrer cette bivalence tensorielle de la « matière psychique », prenons pour premier exemple la sphère des « tendances », cette mystérieuse nébuleuse que la psychologie cognitive des émotions a tant de difficulté à apprivoiser par quelque flanc qu'elle s'y emploie, le flanc expérimental (les « *drive* ») ou le flanc clinique (théorie des pulsions).

Qu'est-ce qu'une tendance ? C'est, dit-on, une potentialité.

C'est vrai et c'est faux, car la tendance est plus que cela. Elle est quelque chose (disons, faute de mieux, une « énergie ») qui tente de passer à l'acte mais n'y réussit qu'imparfaitement. Elle se situe donc quelque part sur la trajectoire qui va du « potentiel » à l'« actuel » (nous retrouvons ici l'idée déjà évoquée de primauté de la trajectoire sur la destination). Qu'est-ce qui l'empêche de devenir actualité ? La présence conjointe d'une autre tendance, d'une tendance antagoniste qui s'oppose à son actualisation plénière. **La psyché n'est donc pas l'enclos d'un conflit de tendances, elle EST conflit de tendances**. Elle est agoniste par nature et c'est cette qualité qui lui confère sa puissance auto-

[9] S.LUPASCO, **Les Trois Matières,** Cohérence, Strasbourg 1982. p.122.

organisatrice/créatrice (notons que la notion d'« antagonisme organisateur » se substitue ici à celle de « chaos organisateur » évoquée tout à l'heure).

Il semble donc, avec le recul, que la psychologie conative (émotion, besoin, motivation) se soit fourvoyée en s'obstinant, comme elle l'a fait pendant plus d'un demi-siècle, à établir des catalogues de tendances, des nomenclatures de besoins, des listings de pulsions. Ces classifications sont pléthoriques[10], mais toutes présentent le même défaut : elles additionnent des entités pulsionnelles comme si la vie conative était une sommation d'un besoin x + un besoin y + un besoin z, etc. (exemple : besoin d'explorer l'environnement + besoin de défendre son territoire + besoin de contacts sociaux + besoin d'aimer et d'être aimé...). Or, il n'y a pas une « tendance exploratoire » (ouverture au monde) à laquelle s'ajouterait une « tendance auto-protectrice » (persévération dans l'être). Il y a une tendance unique, bivalente, comportant d'un côté une polarité exploratrice qui nous ouvre à l'environnement, nous rend avides de stimulation, de nouveauté, de changement, et de l'autre une polarité contraire qui s'y oppose, soit une tendance d'autoprotection/persévération qui favorise la clôture du Moi, la stabilité, la familiarité, l'invariance. Ces deux

---

[10] Depuis le début du XXe siècle, la psychologie générale a produit une multitude de nomenclatures, inventoriant chacune de deux à plus de trente « besoins fondamentaux ». Les plus connues sont celles de W.MC DOUGALL, de W.JAMMES et de H.MURRAY. Les mêmes besoins « primaires » se retrouvent dans presque toutes ces nomenclatures (besoin d'exploration, besoin d'affiliation, besoin de manipulation, besoin de stimulation, besoin de contact social...). Toutes se présentent comme des classifications linéaires (on y juxtapose les types de besoins comme s'il s'agissait d'entités disjointes et purement additives). Parmi les études les plus récentes (qui n'échappent que partiellement ou pas du tout à cette tendance), citons celles de J.BOWLBY et d'A.MASLOW. Voir à ce sujet mes articles : P.TRAUBE, **Le Besoin de Structure**, in « Recherches en Education » N° 8, Bruxelles 1992 et **Psychodynamique des besoins**, in « Education-Formation », Liège, Mars 2000

polarités sont liées par une relation d'antagonisme : l'actualisation de l'une suppose la potentialisation de l'autre et vice versa. Elles sont néanmoins, l'une et l'autre, aussi vitales, aussi indispensables.

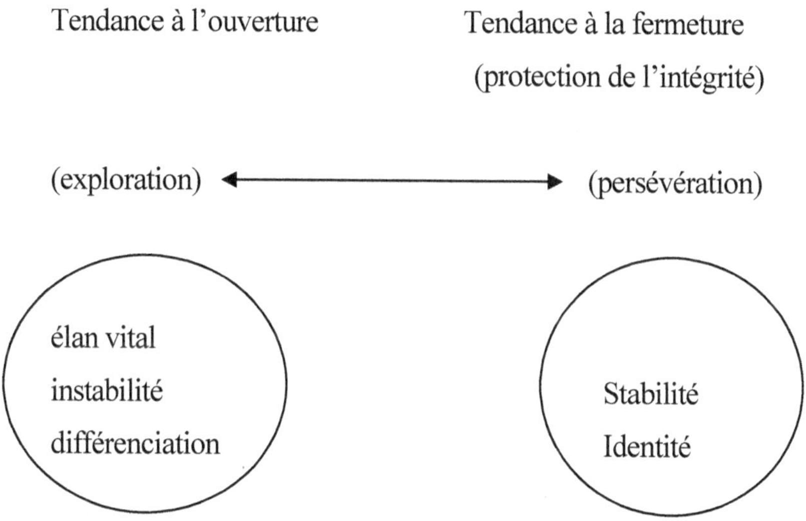

Bivalence tensorielle

(Fig.6)

Toutes deux représentent un impératif catégorique de survie. Si la première l'emporte unilatéralement, c'est la mort par extrême fusion. Les frontières du Moi se diluent et l'individu perd son identité propre. Si la seconde l'emporte unilatéralement, c'est la mort par extrême fission. La frontière du Moi se durcit et l'individu se coupe du monde. C'est pourquoi notre existence est pathétiquement tiraillée entre les aspirations également impérieuses de « liberté » et de « sécurité ». C'est pourquoi nous ressemblons à un navigateur voguant entre les deux berges d'un large fleuve. Sur l'une des berges s'étend le pays des serres sécuritaires. On y cultive le permanent, l'immuable et le stable. Il offre l'hospitalité de ce-qui-demeure, mais exige en contrepartie le sacrifice de ce-qui-coule. Sur l'autre rive, ondoient les terres sauvages de liberté. On y récolte les fruits de l'aventure et du changement. Elle offre la promesse d'espaces nouveaux à habiter mais exige le sacrifice des certitudes acquises, l'abandon des repères sécurisants. Le problème est le suivant : si nous nous approchons de l'une des berges... l'autre s'éloigne automatiquement. Il nous est impossible d'aborder les deux rives en même temps. Le choix de l'une suppose le sacrifice de l'autre. C'est au creux de cette mouvance inconfortable, de cette oscillation/vacillation autour d'une zone d'équilibre incertain (K.LEWIN) que l'homme conquiert la possibilité d'entrevoir son autonomie.

Si la théorie de S.LUPASCO nous aide à mieux comprendre la dynamique des besoins en psychologie générale (psychologie du fonctionnement normal), elle ouvre également d'intéressantes perspectives dans le champ de la psychopathologie. Elle nous donne à voir la « maladie » mentale sous un jour inédit. Elle suggère, par exemple, que l'état morbide pourrait être une sorte de cassure dans l'équilibre toujours précaire des forces antagonistes, cassure provoquant l'hypertrophie de l'une d'elles. En cas de victoire unilatérale des forces d'homogénéisation (entropie), la psyché cède à l'aplatissement, à l'uniformisation, à l'indifférenciation, à la réitération de l'identique. Se retroussant sur elle-même comme un gant, elle se cristallise, se minéralise, se fige dans l'immobilité. C'est l'automatisme de la pensée, la stéréotypisation du fantasme, la sclérose des sentiments, la ritualisation du temps, etc. Dans la zone psychotique, cela produit des manifestations schizophréniques, catatoniques, autistiques ; dans la zone névrotique, des tableaux de type obsessionnel. Si la situation s'inverse, c'est-à-dire en cas de victoire des forces hétérogénéisantes, la psyché cède à la dislocation, à la dispersion, à l'éparpillement. Elle se dilate à l'infini et produit, dans la zone psychotique, des manifestations hypomaniaques, mégalomaniaques. Dans la zone névrotique, elle explose dans l'hystérie.

Quelle que soit la forme d'expression qu'elle emprunte, la maladie mentale (pour autant que l'on puisse parler de « maladie », terme décidément impropre !) serait une faille, une défaillance du dynamisme agoniste de la psyché, produisant une déflation de sa puissance auto-organisatrice/créatrice.

Résumons-nous. Le reflux des modèles « causalistes » et « localistes » dans la théorie psychologique a fait émerger des concepts de rupture comme, par exemple, celui de « synchronicité » (JUNG, VON FRANZ). Ce concept suggère l'hypothèse **d'une possible affiliation commune du microphysique et du neuropsychique à une zone du réel caractérisée par une dynamique d'antagonisme fort** (une « troisième matière » selon l'expression de LUPASCO). Cette hypothèse, à son tour, nous invite à nous représenter autrement certains mécanismes psychiques normaux (tendances, pulsions, besoins) et pathologiques (névroses, psychoses), c'est-à-dire à coupler, à polariser des concepts qui, autrefois, désignaient des entités conatives (affectives normales) ou nosologiques (morbides) disjointes et strictement additives.

TABLEAU 2 : LE NOUVEAU PARADIGME

Comme précédemment (pour l'« ancien » paradigme) je suggère, sous forme d'un tableau de synthèse, une mise en parallèle de la représentation physique de l'univers matériel (côté gauche) et de la représentation psychique de l'univers subjectif (côté droit).

Encore une fois, je souhaite que le lecteur n'attribue à ces schématismes (forcément manichéens) d'autre valeur que celle d'une piste de réflexion.

CHOSES DE LA MATIÈRE ET DE L'UNIVERS	**CHOSES DE LA VIE ET DES RELATIONS**
UNIVERS de la MATIÈRE Ordre paradoxal (onde/corpuscule, continu/discontinu), fluctuant et instable. Tout est mouvement, énergie, information (équivalence Masse/Énergie – $E = MC^2$)	UNIVERS de la PSYCHE Bivalent/plurivalent/paradoxal Tout est oscillation/vacillation, mouvement, changement (1) Primauté du volatil, du discontinu, de la précarité, de l'aléatoire. (les choses telles qu'elles changent)
Emboitement de niveaux d'organisation obéissant à des lois spécifiques →Hypercomplexité	Interpénétration de niveaux par ailleurs irréductibles : instincts, besoins, émotions, motivations, intellect, conscience.

MATIERE inter/sub/stancielle (interstancielle) Concepts de « champs », « quanta », « fonction d'onde »…	La RELATION procède de l'INTERPERSONNE (Le coursier de le Senne) Son destin entropique est combattu par son alimentation aux flux extérieurs (ouverture)
TEMPS fléché (irréversible) mais évolution aléatoire. Futur non-prédictible sinon en terme de probabilité. Les systèmes n'évoluent pas nécessairement vers l'état d'équilibre (structures dissipatives)	Le conflit n'est pas l'erreur. Vie affective = succession de ruptures déséquilibrantes Équilibre = notion dynamique supposant renouvellement permanent malgré/par/grâce aux turbulences
L'INFORMATION combat l'entropie. Elle introduit de la neguentropie. Le chaos peut faire émerger un ordre plus complexe et plus riche. Une CAUSE locale peut engendrer des effets globaux. Un processus continu peut produire des discontinuités et des ruptures (Théorie des catastrophes)	Tension entre instabilité et aspiration à la stabilité/pérennité On ne peut vivre deux fois la même expérience. Chaque expérience vécue INforme/TRANSforme l'être. La genèse existentielle de l'individu dément l'effet entropique (désorganisateur) du temps psychique.
UNIVERS = donné à découvrir = construction indissociable de la conscience qui le révèle	AMOUR = **pas** donné à priori = une potentialité humaine qui s'actualise = E vènement/CATA strophe A vènement/ANA strophe (2)

Interjonction Objet/Sujet L'électron ne possède pas de qualité qui soit absolument indépendante des catégories du chercheur	Son actualisation suppose une disponibilité intérieure à son pouvoir INformateur/TRANSformateur
Théorie du Bootstrap Expliquer une chose = expliquer comment elle est reliée à ce qui l'entoure	Logique trinitaire Relation = Toi + Moi + Relation Notion d'interstance.
Vision holistique (sans réductionnisme holistique) Réhabilitation de la connaissance Implicative (observation = participation) Réhabilitation de la contradiction non comme signe de l'erreur mais du vrai	AMOUR = état fluctuant et instable de la relation (localisation temporaire d'énergie intersubjective) Pas d'amour sans transformation intérieur Pas de transformation intérieure sans amour. La subjectivation suppose une coalition des contraires (féminin/masculin, corps/esprit, reprise d'un passé/élan vers un avenir…) Le semblable appelle le semblable L'individu suscite des situations qui lui ressemblent et les relations qui lui correspondent (ce qui n'exclut nullement le jeu du hasard)
Préséance de la CAUSALITÉ CIRCULAIRE (notion de régulation, récurrence, rétroaction….)	Je mue à ton contact. Tu mues au mien. L'effet que je produis sur toi m'amène à changer et réciproquement
Principe de non localité (Paradoxe EPR)	Notion de synchronicité

Arithmétique à sommation non nulle (gain de l'un sans perte pour l'autre)	La RELATION AFFECTIVE est multiplicative, non additive. L'élément restitue (partiellement) la totalité. Indissociabilité du singulier et de l'universel. Personne n'appartient à personne mais a à répondre de lui-même. Le gain de l'un = gain pour l'autre et gain pour tous

(1) A titre exemplatif, voici deux fragments philosophiques (l'un oriental, l'autre occidental) qui témoignent, à la suite d'HÉRACLITE, de cette insistance sur la mouvance des choses : « La vie est un mouvement, un mouvement constant de l'univers des interrelations. La pensée qui s'efforce toujours de capturer ce mouvement en fonction du passé, de la mémoire du stable, du figé est une pensée qui manifeste sa peur de la vie. » (KRISHNAMURTI « Se libérer du connu ».)
« L'homme est lié à un devenir inéluctable contre lequel toute résistance de sa part est illusoire. » (M. BUBER « La vie en dialogue »)

(2) Le préfixe grec « cata » désigne un mouvement du haut vers le bas (quelque chose qui tombe). Le préfixe « ana » signifie le mouvement inverse, soit du bas vers le haut (quelque chose qui surgit comme une source et qui s'élève).

CONCLUSION

Voici plus d'un demi-siècle, Abraham MOLES publiait, sous le titre « Sociodynamique de la culture »[1], un ouvrage qui ne passa pas inaperçu et fit même quelques remous dans les milieux universitaires de l'époque. Il y argumente deux idées forces. La première est l'idée que la culture n'est pas un milieu artificiel, un simple enjolivement décoratif, mais bien **une force agissante du champ social**, une possibilité d'action sur la société. Nul ne contestera ce propos qui fait figure d'évidence. Sans doute se contenterait-on d'ajouter aujourd'hui que si la culture donne accès à une action possible sur le monde extérieur, elle est aussi possibilité d'action de l'individu sur lui-même, écran de référence obligé pour la formulation, l'interprétation et la transformation de son vécu intime. Tout ce qui a été dit dans cet ouvrage tend à nous en convaincre. Mais MOLES n'en reste pas là. Prenant appui sur cette définition de la culture, il développe une supputation sur l'avenir du monde et place en l'évolution des sciences humaines, l'espoir d'une civilisation meilleure. Selon lui, la primauté de l'évolution de la société, ne reviendra plus aux sciences physico-chimiques, source des techniques de l'ingénieur qui ont constitué l'élément principal de la civilisation technologique, mais aux sciences humaines et sociales, sources de nouveautés essentielles et moteurs de l'évolution de l'humanité.

---

[1] A.MOLES, **Sociodynamique de la culture**, Paris, Mouton 1967

Avec le recul du temps, cette idée paraît datée (nous sommes au tournant des années 1960/1970) et cela au moins pour deux raisons. D'une part parce que, de toute évidence, les sciences physiques continuent à donner le ton comme elles l'ont toujours fait dans le passé. C'est dans leur creuset que se forgent encore, s'expérimentent, se dissolvent les paradigmes qui, plus tard, alimenteront les sciences de l'homme en concepts et la conscience individuelle en modèles de représentation de soi, des autres et du monde. D'autre part, parce que si la dissociation des deux champs de connaissance se justifie toujours (la scientificité propre aux sciences de l'homme ne sera jamais celle des sciences de la nature et vice versa), elle prend une toute autre allure et offre flanc à de surprenants basculements. Comme le souligne E MORIN, « c'est au moment où tout peut rentrer dans la physis généralisée, y compris les sciences sociales et la science de l'esprit, que cette physis bascule de son propre mouvement dans la science sociale et dans la science de l'esprit... Autrement dit, c'est au moment où la science de l'homme devient une science physique que la science physique devient une science de l'homme. »[2] Les deux évolutions semblent à la fois opposées et simultanées.

C'est ce basculement synchronique et cette nouvelle articulation entre physis et psyché, science et culture, culture et « pratique de soi », que cet essai se proposait d'explorer. Il s'agissait de jeter des passerelles, d'établir des chemins de traverse, de baliser des zones de transit entre deux univers traditionnellement perçus comme répulsifs : les abstractions physico-mathématiques d'une part et le vécu intime concret, de l'autre, l'intelligibilité rationnelle du monde d'une part, la saisie intuitive de soi d'autre part. Mais s'il importait de souligner le caractère bidirectionnel de l'axe science/culture

---

[2] E.MORIN, **La nature de la nature (Méthode T.1),** Seuil, Paris 1977, p.375.

(représentation du monde/représentation de soi), il importait aussi d'en faire apparaître la dynamique de va-et-vient, la progression en aller-retour, l'avancée en dents de scie. On reconnaîtra aisément que les théories scientifiques ne naissent, ni ne se développent en état d'apesanteur sociologique (leur « extra-territorialité », selon l'expression de Serge MOSCOVICI, étant une pure fiction). Mais si la science est un produit culturel, elle est aussi productrice de culture par paradigme interposé. Faire apparaître des accolades entre façon de penser et façon de vivre, entre façon de penser sa vie et façon de vivre sa pensée, c'est se distancier des dissociations habituelles de l'entendement, des disjonctions héritées de la science et de la philosophie classiques, des découpages traditionnels légués par le paradigme cartésien-newtonien. C'est aussi nous inviter à investir de nouveaux outils intellectuels, mieux appropriés à la maîtrise de notre devenir[3].

Nous vivons aujourd'hui une fin de cycle. Le deuxième millénaire a fêté son trente et un décembre. Un nouveau millénaire s'ébauche. Cette grandiose Saint Sylvestre à l'échelle macro-temporelle titille à coup sûr nos imaginations. Elle peut faire naître des espoirs en un monde meilleur, au risque de réveiller des utopies fanées, ou, pire encore, des nostalgies perverses. Le troisième millénaire verra-t-il l'avènement d'un Nouvel-Age, comme d'aucuns le prédisent ? Produira-t-il l'assomption d'une ère généreuse, conviviale et créative placée sous le « signe du Verseau » ? Permettra-t-il l'émergence d'une spiritualité enfin libérée de ses vieux fanatismes ? Pour ma part, je n'en sais rien. Entretenant une légitime défiance à l'endroit des prophétismes de tout bord, je ne m'essaierai pas au jeu tentant des supputations prévisionnelles. Tout ce que j'ai pu dire sur

[3] Voir à ce sujet mon essai P.TRAUBE, **FaçonS de penser**, St Pierre de l'Isle, Odiçé 2013

l'indétermination des évolutions m'interdit la moindre certitude quant au devenir de nos sociétés et me conduit à adhérer sans réserve aux propos de Gabriel Garcia MARQUES : n'attendons rien du vingt et unième siècle, c'est le vingt et unième siècle qui attend tout de nous. Une chose, pourtant, une seule, me paraît certaine. Nous vivons selon la façon dont nous comprenons la vie. Dès lors, si nous changeons nos lunettes, si nous inversons le regard, si nous expérimentons de nouveaux angles de vue, nous nous mettons en situation de devoir aussi changer nos angles de vie. Une image forte, venue du fond des âges, illustre ce basculement, celle du « Pendu » du Tarot. Un jeune homme est pendu par les pieds, tête en bas. Ses yeux sont ouverts sur un horizon lointain où le ciel est devenu plancher et le sol, plafond. Regarder le monde à l'envers c'est peut-être changer d'erreur provisoire mais c'est aussi laisser place à l'émergence de nouvelles façons d'exister. C'est tout à la fois un risque et une promesse, c'est-à-dire un défi. Serons-nous capables de le relever ? Sommes-nous prêts à en accepter l'augure ? Tout dépendra de notre capacité d'accueil aux valeurs inédites qui bourgeonnent et sollicitent notre adhésion. Mais tout dépendra aussi de notre acuité à détecter à temps les nouvelles tyrannies, les leurres hypnotisant, les polices souriantes et les affabulations récidivantes qui avancent à visages masqués sous les illusions du progrès.

ALLÉGORIE

(suite et fin)

... Quelque temps plus tard, sur le quai de la gare d'Extrême Jonction, Tristan et Yseult rejoignirent le vieillard au regard lumineux. Ils lui dirent : « nous voulons connaître le Vaste Monde ». « D'accord, fit le vieil homme, mais dites-moi, qu'est-ce qui vous a décidé à revenir. » « C'est que, depuis notre dernière rencontre, fit Yseult, nous avons beaucoup voyagé et avons appris un tas de choses que nous ignorions ». « Voilà qui est bien, fit le vieillard ; qu'avez-vous donc appris de tellement important ? » Nous avons appris une nouvelle mécanique, fit Yseult, la mécanique des Quanta Relationnels ». « Nous avons appris une nouvelle mathématique, renchérit Tristan, l'arithmétique à sommation non nulle ». « Tout cela est bien compliqué pour moi, dit le vieillard en caressant sa longue barbe. "C'est très simple, au contraire, dit Yseult, la mécanique des quanta relationnels étudie les trajectoires des sentiments humains. Elle repose sur un principe fondamental : l'amour, comme la vie, est un événement aléatoire et improbable. Il n'est pas un donné, mais une potentialité qui s'actualise. L'équation de la relation est l'Interpersonne qui est plus puissante que les personnes. Grâce à cette équation, nous pouvons espérer résoudre plus élégamment le dilemme des deux libellules qui s'aimaient d'un amour tendre sous le feuillage d'un saule pleureur". La mathématique que nous avons apprise, poursuivit Tristan, régit les opérations de l'alchimie relationnelle où, d'une manière surprenante, les gains de l'un sont gains pour l'autre. Elle détermine les seules trajectoires qui me soient accessibles : les miennes propres. Celles-ci se déploient dans

un espace de liberté, donc de responsabilité. S'il arrive que deux trajectoires convergent et se rencontrent, leur énergie respective, loin de s'additionner, se démultiplie. Cette arithmétique ne connaît ni l'addition, ni la soustraction. Elle connaît seulement la multiplication et la division...

Le sol vibra et le son du haut-parleur couvrit les dernières paroles : "Train en passage ! Éloignez-vous du bord du quai". En regardant passer la locomotive haut le pied, Tristan et Yseult songèrent qu'un train était vraiment une des plus belles choses qui soient au monde. Puis ils se retournèrent et s'aperçurent qu'ils étaient seuls.

Quelques valises coquines, çà et là, échangeaient des clins d'yeux par-dessus les ballasts.

Bibliographie

Sources bibliographiques en physique - chimie

DELIGEORGES S. (ouvr. coll. dirigé par), *Le Monde Quantique,* Seuil, Paris, 1984.

DESTOUCHES J.L., *La Mécanique Ondulatoire,* PUF, Paris, 1981.

EINSTEIN A./INFELD L., *L'évolution des idées en physique,* Payot, Paris, 1981.

LEONIS prof., *Syllabus de Chimie Générale,* ULB, 1986.

MAHAN B.H., *Chimie, Interéditions,* Paris, 1985.

MEESEN A., *Eléments de Physique Quantique*, Cabay, LLN, 1980.

ORTOLI S./PHARABOD J.P., *Le Cantique des quantiques,* La Découverte, Paris, 1984.

Bibliographie en philosophie et sciences humaines

ATLAN H., *A tort et à raison. Intercritique de la science et du mythe,* Seuil, Paris, 1986.

BACHELARD G., *Le Nouvel Esprit Scientifique*, PUF, Paris, 1966.

BAUDRILLARD J. *Cool Memories*, Seuil, Paris 87 - 90

BOHR N., *Physique atomique et connaissance humaine*, Gallimard, Paris, 1991.

BOUCHARD M.A. *De la phénoménologie à la psychanalyse*, Mardaga, Bruxelles 199O.

BOUTINET J.P. *Anthropologie du projet*, PUF, Paris 1990

BOUTOT A. *L'invention des formes*, Odile Jacob, Paris 1993

BRUCKNER P./FINKIELKRAUT, *Le nouveau désordre amoureux,* Seuil, Paris, 1977.

CAIN J. *Temps et psychanalyse,* Toulouse, Privat 1982.

CASTORIADIS C., *L'institution imaginaire de la société*, Seuil, Paris, 1975.

CHALMERS A.F., *Qu'est-ce que la science ?*, Ed. La Découverte, Paris, 1987.

CHERTOCK L/STENGERS I, *Le cœur et la raison (L'hypnose en question de Lavoisier à Lacan)*, Paris, Payot 1989.

CHOUVIER B. *Militance et Inconscient,* Lyon, Presse Universitaire de Lyon 1982.

COLLOQUE DE CORDOUE-ANNALES, ouvr. coll., *Science et conscience, les deux lectures de l'univers*, Stock, Paris, 1980.

COMTE-SPONVILLE A. *Valeur et Vérité*, PUF, Paris 1994.

CONCHE M., *L'Aléatoire*, édit. de Mégare, Paris, 1989.

COULOUBARITSIS L. *La philosophie face à la question de la complexité*, Ed.Ousia, Bruxelles 2014

CRAHAY A., *Michel Serres, la mutation du Cogito* (Genèse du Transcendantal Objectif), De Boeck, Bruxelles, 1989.

DARMS L./LALOUP J., *Interstance, communiquer à contre-sens,* Cabay, Louvain-la-Neuve, 1982.

DELEUZE G./GUATTARI F., *L'Anti-Œdipe*, Minuit, Paris, 1972.

DUFAYS JL. *Stéréotype et lecture*, Mardaga, Liège 1994.

DURANT G., *Les structures anthropologiques de l'imaginaire*, Dunod, Paris, 1969.

DUYCKAERTS F. *La notion de normal en psychologie clinique*, Paris, Vrin 1954.

D'ESPAGNAT B., *A la recherche du réel*, Gauthier-Villard, 1979.

FEYERABEND P., *Adieu la raison*, Seuil, Paris, 1989.

FRANCK R. *Faut-il chercher aux causes une raison. L'explication causale en sciences humaines*, Vrin 1994 (ouvr.coll.dirigé par)

FREUND J., *Les théories des sciences humaines*, PUF, Paris, 1973.

GAUCHET M. *L'inconscient cérébral*, Seuil, Paris 1992

GENTIS R., *Leçons du corps*, Flammarion, Paris, 1980.

GOFFMAN E. *Les cadres de l'expérience*, Minuit Paris 1991

GRANGER G.G., *Pour la connaissance philosophique*, édit. O. Jacob, Paris, 1988.

GREEN A. *La causalité psychique*, O.Jacob, Paris 1995

GUILLEBAUD J.C. *La tyrannie du plaisir*, Seuil, Paris 1998

GUILLEBAUD J.C. *Le principe d'humanité*, Seuil, Paris 2001

KORZYBSKI A., *Science and sanity : an introduction to non-aristolelian systems and General Semantics,* Lakeville (Connecticut) Inst. of. Gen. Semantics, 1950.

KUHN T.S., *La structure des révolutions scientifiques*, Flammarion, Paris, 1983.

KUHN T.S., En repensant aux paradigmes, in *La tension essentielle*, Gallimard, Paris, 1990.

LABORIT H., *La nouvelle grille*, Laffont, Paris, 1974.

LACAN J., *Ecrits,* tome 1 et 2, Seuil, Paris, 1966.

LADRIERE J. et JACQUARD A., (art. de) in La Revue Nouvelle, Oct. 1986, *Le nouveau dialogue des sciences*.

LEGROS R. *L'idée d'humanité*, Grasset, Paris 1990

LUPASCO S., *La tragédie de l'énergie* (philosophie et science du 20e siècle), Casterman, Bruxelles, 1970.

LUPASCO S., *Les Trois Matières*, Cohérence, Strasbourg, 1982.

MORIN E., La Méthode Tome 1 : *La nature de la nature*, Seuil, Paris, 1977.

MORIN E., La Méthode Tome 2 : *La vie de la vie*, Seuil, Paris, 1980.

MORIN E., La Méthode Tome 3 : *La connaissance de la connaissance*, Seuil, Paris, 1986.

MORIN E., La Méthode Tome 4 : *Les idées. Leur habitat, leur vie, leurs mœurs, leur organisation.* Seuil, Paris 1991.

ONIMUS J. *Les dimensions du changement*, Desclée-De Brouwer, Paris 1983

ONIMUS J. *Essais sur l'émerveillement*, PUF, Paris 1990.

PERROT E., *La voie de la transformation selon JUNG et l'alchimie,* La fontaine de pierre, Paris, 1979.

PIRARD R., *Anthropies : prolégomènes à une anthropologie clinique*, De Boeck, Brux. 1991.

PRIGOGINE I./STENGERS I., *La nouvelle alliance*, métamorphose de la science, Gallimard, Paris, 1979.

PRIGOGINE I./STENGERS I., *Entre le temps et l'éternité*, Fayard, Paris, 1988.

RIFFLET-LEMAIRE A., *Jacques Lacan*, Dessart, Bruxelles, 1970.

RORTY R. *L'espoir au lieu du savoir,* Paris, Albin Michel 1995 (ed.franç.)

RUYER R., *La gnose de Princeton,* Fayard, Paris, 1974.

SERRES M., *Le Tiers-Instruit*, F.Bourin, Paris 1991

STEINER G., *Réelles Présences, les arts du sens*, Gallimard, Paris, 1991.

TOURAINE A. *Critique de la modernité*, Paris, Fayard 1992.

TRAUBE P., « Modèles de représentation en psychologie clinique », in « *Acta Psychiatrica Belgica* » Brx, Déc. 1993

TRAUBE P., *Le besoin de structure*, in Recherche en Éducation N° 8, Brx 1992.

TRAUBE P, *Psychodynamique des besoins*, in Education-Formation, U.Lg Mars 2000

TROUSSON P. *Le recours de la science au mythe* (Pour une nouvelle rationalité), L'Harmattan, Paris 1995.

VANAISE J., *L'Homme-Univers* Le Cri, Bruxelles 1992.

VAN LIER H., *Le Nouvel Age*, Casterman, Tournai 1962.

VAYSSE J.M. *L'inconscient des modernes* (Essai sur l'origine métaphysique de la psychanalyse), Paris, Gallimard 1999

WUNENBERGER J.J., *La raison contradictoire*, Albin Michel, Paris, 1990.

Table des matières

Allégorie : Tristan, Yseult et le philosopheaux lunettes carrées..........9

Introduction
Le paradigme : l'infrastructure immergée Duregard..........17

Le jeune-homme-aux-ratés..........17
Qu'est-ce qu'un paradigme ?..........19

PREMIÈRE PARTIE
EXPLORATION DANS L'UNIVERS
DE L'ANCIEN PARADIGME

Chapitre 1.
Le paradigme cartésien - newtonien..........31

Chapitre 2.
Le paradigme cartésien-newtonien au jour le jour !..........39

1. Du Logos..........40
2. ... à l'Eros !..........43

DEUXIÈME PARTIE.
QUELQUES REPÈRES SUR LES SENTIERS
D'UN NOUVEAU PARADIGME

Chapitre 1.
La « révolution paradigmatique » :
s'initier à un nouveau langage ?
Survol général et reconnaissance du terrain..........51

1. Science et vérité..........53
2. La matière : grand plein... ou grand vide ?..........57
3. La particule : être ou événement ?..........58
4. Objet - sujet... une étreinte ambiguë !..........60

5. Du déterminé à l'imprévisible 63
6. De l'ordre établi... au désordre ennobli ! 65

Chapitre 2.
l'événement comme fondement de l'univers :
de la stabilité des objets à la précarité des situations 69

1. Une matière non substantielle ? 70
2. Une psyché (am) bivalente. 74
3. « Brique fondamentale »... « erreur fondamentale » !.......76
4. Comment apprenons-nous ? 81
5. L'inconscient : réservoir ou trou sans fond ! 88
6. De l'édifice étagé sur soubassement....
à la bande de Moebius 92

Chapitre 3.
L'événement comme relation et indétermination 99

1. le Principe d'Incertitude 99
2. L'objectivité en psychologie...103
3. Le Paradoxe du Locuteur 107
4. Le Paradoxe de l'acteur social 108
5. Le paradoxe de l'existence...115

Chapitre 4.
Le désordre organise l'ordre.
L'instable génère le complexe...121

1. Les structures dissipatives 121
2. Homme sage, homme fou, homme... double.......................124
3. Le déséquilibre comme condition d'émergence
du cosmos et de l'humain..128
4. Le déséquilibre comme point de départ
de notre histoire personnelle 135
5. L'accident comme ouverture à la multiplicité
des possibles...138

Chapitre 5.
Les points de vue sur le monde sont multiples et partiaux. Éloge du polythéisme. 143

1. La Partie et le Tout 143
2. Objet partiel, objet transitionnel, objet total.......................149
3. L'« Interstance » ou le Coursier de Le Senne.................154
4. La question du réductionnisme...162
5. La fin du monothéisme théorique.......................................164

Chapitre 6.
Localité, causalité et principe d'antagonisme 171

1. Le paradoxe EPR et la non séparabilité 171
2. La synchronicité et l'Unus Mundus 173
3. La systémogenèse antagoniste..174

Conclusion 187

Bibliographique 193

Du même auteur

Psychologie

Des sangs des hommes , Mons CDRS 1995

Comment choisir sa psychothérapie ?, Paris, Chiron 1998

Plus jamais seul !, Bruxelles, Labor 1999

Le choix amoureux , Bruxelles, Labor 1999, St Pierre de l'Isle Odiçé 2013

Etre Intime (Je m'aime, toi aussi), St Pierre de l'Isle, Odiçé 2013

Garder ses amis, nourrir se amours, Bruxelles, Labor 2001

La guerre des sexes, un avenir ?, St Germain-en-Laye, Odin 2002

Anatomie du sexisme ordinaire, St Pierre de l'Isle, Odiçé 2014

Violence : côté face et profil, St Germain-en-Laye, Odin 2002

Les psychothérapies humanistes, Namur, Editions namuroises, 2004

Le triangle magique, Namur, Editions namuroises 2005

Péchés capitaux, péchés capiteux, St Germain-en-Laye, Odin 2005

Eduquer, c'est aussi punir , St Pierre de l'Isle, Odiçé 2013

Psychothérapie, voyage au cœur de soi, St Pierre l'Isle, Odiçé 2013

Où va le monde !, Mons, Editions.Convaincre 2005

L'acte rupteur, Paris, Edilivre 2020

Théâtre

Le don d'Odile, Mons, Chloé des lys, 2006

Une nuit en Sologne, Paris, Edilivre, 2017

Jeu de scène Paris, Edilivre, 2017

Crime à Châtimand, Paris, Edilivre, 2018

L'audition, Paris, Edilivre, 2019

Une lettre pour vous, M. Granville, Paris, Edilivre, 2019

Structures éditoriales du groupe L'Harmattan

L'Harmattan Italie
Via degli Artisti, 15
10124 Torino
harmattan.italia@gmail.com

L'Harmattan Hongrie
Kossuth l. u. 14-16.
1053 Budapest
harmattan@harmattan.hu

L'Harmattan Sénégal
10 VDN en face Mermoz
BP 45034 Dakar-Fann
senharmattan@gmail.com

L'Harmattan Cameroun
TSINGA/FECAFOOT
BP 11486 Yaoundé
inkoukam@gmail.com

L'Harmattan Burkina Faso
Achille Somé – tengnule@hotmail.fr

L'Harmattan Guinée
Almamya, rue KA 028 OKB Agency
BP 3470 Conakry
harmattanguinee@yahoo.fr

L'Harmattan RDC
185, avenue Nyangwe
Commune de Lingwala – Kinshasa
matangilamusadila@yahoo.fr

L'Harmattan Congo
67, boulevard Denis-Sassou-N'Guesso
BP 2874 Brazzaville
harmattan.congo@yahoo.fr

L'Harmattan Mali
Sirakoro-Meguetana V31
Bamako
syllaka@yahoo.fr

L'Harmattan Togo
Djidjole – Lomé
Maison Amela
face EPP BATOME
ddamela@aol.com

L'Harmattan Côte d'Ivoire
Résidence Karl – Cité des Arts
Abidjan-Cocody
03 BP 1588 Abidjan
espace_harmattan.ci@hotmail.fr

L'Harmattan Algérie
22, rue Moulay-Mohamed
31000 Oran
info2@harmattan-algerie.com

L'Harmattan Maroc
5, rue Ferrane-Kouicha, Talaâ-Elkbira
Chrableyine, Fès-Médine
30000 Fès
harmattan.maroc@gmail.com

Nos librairies en France

Librairie internationale
16, rue des Écoles – 75005 Paris
librairie.internationale@harmattan.fr
01 40 46 79 11
www.librairieharmattan.com

Lib. sciences humaines & histoire
21, rue des Écoles – 75005 Paris
librairie.sh@harmattan.fr
01 46 34 13 71
www.librairieharmattansh.com

Librairie l'Espace Harmattan
21 bis, rue des Écoles – 75005 Paris
librairie.espace@harmattan.fr
01 43 29 49 42

Lib. Méditerranée & Moyen-Orient
7, rue des Carmes – 75005 Paris
librairie.mediterranee@harmattan.fr
01 43 29 71 15

Librairie Le Lucernaire
53, rue Notre-Dame-des-Champs – 75006 Paris
librairie@lucernaire.fr
01 42 22 67 13

www.ingramcontent.com/pod-product-compliance
Lightning Source LLC
LaVergne TN
LVHW010934061026
849535LV00007B/2394